, Neubaier

Zitrusfrüchte: Biologische Bekämpfung von Mikroorganismen

Ahmed Snoussi
Mélika Mankai
Hayet Ben Haj Koubaier

Zitrusfrüchte: Biologische Bekämpfung von Mikroorganismen

Antimikrobielle Aktivitäten einiger ätherischer Öle auf Kontaminationsstämme von Zitrusfrüchten

ScienciaScripts

Imprint

Any brand names and product names mentioned in this book are subject to trademark, brand or patent protection and are trademarks or registered trademarks of their respective holders. The use of brand names, product names, common names, trade names, product descriptions etc. even without a particular marking in this work is in no way to be construed to mean that such names may be regarded as unrestricted in respect of trademark and brand protection legislation and could thus be used by anyone.

Cover image: www.ingimage.com

This book is a translation from the original published under ISBN 978-620-6-69548-6.

Publisher:
Sciencia Scripts
is a trademark of
Dodo Books Indian Ocean Ltd. and OmniScriptum S.R.L publishing group

120 High Road, East Finchley, London, N2 9ED, United Kingdom
Str. Armeneasca 28/1, office 1, Chisinau MD-2012, Republic of Moldova, Europe

ISBN: 978-620-7-30267-3

Liste der Abkürzungen

HE: ätherisches Öl

DMSO: Dimethylsulfoxid

GN: Nähr-Agar

SAB: Sabouraud

E.coli: *Escherichia coli*

B.cereus: *Bacillus cereus*

S.aureus: *Staphylococcus aureus*

S.thyphi: *Salmonella thyphimurium*

S.sonnei: *Shigella sonnei*

P. aeruginosa: *Pseudomonas aeruginosa*

T.spp:

USDA: United States Department of Agriculture (Landwirtschaftsministerium der

Vereinigten Staaten)

DGPA: Generaldirektion für landwirtschaftliche Produktion

INS: Nationales Institut für Statistik

Inhaltsverzeichnis

Allgemeine Einführung

Der Zitrusanbau wird weltweit und auch in Tunesien zu den wichtigsten Obstkulturen gezählt. Diese Bedeutung wird der großen Rolle zugeschrieben, die diese Kultur auf wirtschaftlicher Ebene spielt; die hohe Nährstoffqualität der Zitrusfrüchte und ihr Vitaminreichtum sowie die günstigen Boden- und Klimabedingungen geben alle einen weiteren Grund für die Entwicklung dieser Kultur in der Welt (Benaissat F et al.2015) (1).

Sie sind die größte Obstproduktion der Welt. Das Mittelmeerbecken steht an zweiter Stelle und weist eine große Vielfalt an Boden- und Klimabedingungen auf (Jacquemond et al.2002) (2)

Zitrusfrüchte bestehen aus allen Gruppen von Zitrusfrüchten: Orangen-, Clementinen-, Mandarinen-, Zitronen- und Pomelobäume (Jacquemond et al.2002) (2)

Infektionen von Zitrusfrüchten mit dem Krankheitserreger können sowohl vor als auch nach der Ernte auftreten. Infektionen von Zitrusfrüchten werden durch Kontaminationen auf dem Feld einige Tage bis Wochen vor der Ernte eingeleitet. Diese Infektionen werden unter anderem durch eine hohe Inokulationsrate in der Luft und eine hohe Luftfeuchtigkeit begünstigt. Der Verderb kann durch ungünstige Umweltbedingungen und auch durch eine Widerstandsfähigkeit der Fruchtschale begrenzt werden (Douyle et al.1990) (3)

Die Eintrittspforten für Krankheitserreger während und nach der Ernte (Lagerung) von Zitrusfrüchten sind Verletzungen und unbeabsichtigte Mikroverletzungen (FARBER et al.1989) (4)

Lebensmittelbedingte Krankheiten, die durch den Verzehr von Lebensmitteln entstehen, die mit pathogenen Bakterien kontaminiert sind, waren von entscheidender Bedeutung für die öffentliche Gesundheit. Derzeit gibt es eine lebhafte Debatte über die Sicherheitsaspekte chemischer Konservierungsstoffe, da sie für viele krebserregende Eigenschaften sowie für Resttoxizität verantwortlich gemacht werden (M.Oussalah et al.2007) (5)

Aus diesen Gründen wird der Verwendung von Naturprodukten als antibakterielle Verbindungen zur Konservierung von Lebensmitteln immer mehr Aufmerksamkeit geschenkt, da das Bewusstsein der Verbraucher für natürliche Lebensmittel steigt und die Besorgnis über die mikrobielle Resistenz gegenüber konventionellen Konservierungsmitteln zunimmt (Sabrine et al.2016) (6)

Tatsächlich scheinen diese natürlichen Produkte eine interessante Möglichkeit zu sein, das Vorhandensein von pathogenen Bakterien zu kontrollieren und die Haltbarkeit von verarbeiteten Lebensmitteln zu verlängern. Unter diesen Produkten wurde gezeigt, dass ätherische Öle (AÖ) von Gewürzen, Heilpflanzen und Kräutern antimikrobielle Aktivitäten besitzen und als Quelle für antimikrobielle Wirkstoffe gegen Lebensmittelpathogene dienen könnten (Sabrine et al.2016) (6).

Ätherische Öle und ihre Verbindungen sind dafür bekannt, dass sie gegen eine Vielzahl von Mikroorganismen, einschließlich gramnegativer und grampositiver, aktiv sind (Sabrine et al.2016) (6)

Gramnegative Bakterien erwiesen sich aufgrund der Lipopolysaccharide in der äußeren Membran generell als resistenter gegen die antagonistischen Effekte ätherischer Öle als grampositive Bakterien, aber das war nicht immer der Fall (Sabrine et al.2016) (6).

Die antimikrobielle Aktivität von ätherischen Ölen wird einer Reihe kleiner Terpenoide und phenolischer Verbindungen (Thymol, Carvacrol, Eugenol) zugeschrieben, die auch in reinem Zustand eine starke antibakterielle Aktivität aufweisen (Sabrine et al.2016) (6)

Ziel des Projekts ist es, die Anforderungen der Verbraucher in Bezug auf Lebensmittelsicherheit und -qualität zu erfüllen und gleichzeitig die Haltbarkeit von Zitrusfrüchten zu verbessern.

Diese Studie soll die antibakterielle Wirkung bestimmter ätherischer Öle wie Thymian (Thymus vulgaris), Rosmarin (Romarinus officinalis), schwarzer Pfeffer (Piper nigrum) und Salbei (Salvia officinalis) etc. auf pathogene Bakterienstämme wie Staphylococcus aureus, Bacillus cereus, Pseudomonas sp und Escherichia coli untersuchen, die bei der Qualitätsminderung von Zitrusfrüchten eine Rolle spielen und als Werkzeug zur Dekontaminierung von Zitrusfrüchten dienen.

Der vorliegende Bericht hat sich in drei Abschnitte gegliedert:
+ Ein erster Abschnitt für eine Literaturstudie, die sich auf Zitrusfrüchte (pathogene Mikroorganismen, die Kontaminationsquellen sind) und ätherische Öle bezieht.

+ Ein zweiter Abschnitt stellt die Methodik vor: Materialien und Methoden, die während des Projekts verwendet wurden.

+ Schließlich folgt ein dritter Abschnitt, der sich mit den Ergebnissen und der Diskussion befasst. In diesem letzten Abschnitt haben wir die antibakterielle Wirkung von ätherischen Ölen auf pathogene Stämme, die Zitrusfrüchte befallen, vorgestellt und diskutiert.

4

Bibliographische Zeitschrift

Kapitel 1: ZITRUSFRÜCHTE

I. Allgemeines zu Zitrusfrüchten

Zitrusfrüchte, auch Hesperiden genannt, sind Bäume, die Früchte produzieren, die sich durch eine Schalenoberfläche (Zeste), die reich an ätherischen Ölen ist, und ein gevierteltes Fruchtfleisch mit Kernen und vielen saftigen, safthaltigen Haaren auszeichnen (Imbert.2005) [7].

Das Wort "Zitrusfrüchte" stammt aus dem Italienischen und bezeichnet essbare Früchte und im weiteren Sinne die Bäume, die sie tragen, die zur Gattung "Citrus" gehören. Die wichtigsten Zitrusfrüchte, die zur Fruchterzeugung angebaut werden, sind: Orangenbäume, Mandarinenbäume, Clementinenbaume, Zitronenbäume und Pomelos. Alle diese Arten gehören zur Familie der Rutaceae, die drei Gattungen (Poncirus, Fortunelle und die Gattung Citrus) umfasst (Loussert et al.1987) [8].

II. Ursprung und Geschichte

Zitrusfrüchte stammen aus dem subtropischen Asien, insbesondere aus einem Gebiet, das sich vom Nordosten Indiens über Myanmar (Burma) und Südchina bis zum Norden Indonesiens erstreckt. Der erste Import einer Zitrusfrucht in den Mittelmeerraum erfolgte im 3. Jahrhundert v. Chr., und einige Autoren verorten ihn während des Epos von Alexander dem Großen in Persien, wo der Zitronenbaum angebaut wurde. Die damals als "Persischer Apfel" bezeichnete Zitrone, die nach Griechenland gebracht wurde, eroberte schnell den Rest des Mittelmeerraums. Es sollen mehrere Jahrhunderte vergangen sein, bevor andere Zitrussorten in den Westen eingeführt wurden. Die Vorrangstellung des Zitronenbaums im Westen und das Fehlen anderer Zitrusfrüchte über einen Zeitraum, der sich von der Antike bis zum Mittelalter erstreckt, sind unter Historikern und Archäologen umstritten. Neben Südostasien gilt der Mittelmeerraum als Sprungbrett für die weltweite Verbreitung des Zitrusanbaus. Im Zuge des Handels mit Asien ab dem 10. Jahrhundert brachten die Genuesen und Portugiesen Orangen-, Bigaradier- und Zitronenbäume in den Mittelmeerraum. Die Mauren brachten den Orangenanbau in den gesamten Maghreb und den westlichen Mittelmeerraum (Aissa et al.2021) [9].

III. Produktionen

1. Die weltweite Produktion

Nach Angaben des **US-Landwirtschaftsministeriums USDA* belief** sich die weltweite Zitrusproduktion aller Produkte im Wirtschaftsjahr 2016/17 auf über 90 Mio. Tonnen, mit einer CAGR von 1,2% im Zeitraum 2007-2017. Die weltweite Produktion von Zitrusfrüchten lässt sich in vier Kategorien unterteilen:

Tabelle 1: Die vier Kategorien von Zitrusfrüchten

	Part dans la production Mondiale
Oranges	54%
Tangerines, Mandarines	31%
Citrons	8%
Pamplemousses	7%

Quelle: Berechnungen von ONAGRI nach USDA

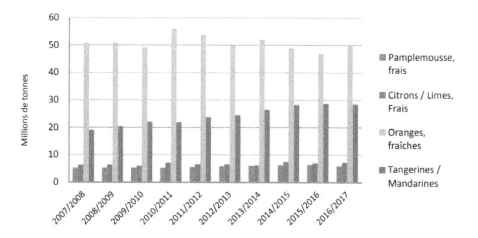

Abbildung 1: Entwicklung der weltweiten Produktion nach Zitrussorten (Mio. T)

Quelle: USDA

7

Im letzten Jahrzehnt ist die Produktion von Tangerinen um 5,2 % von 19 MT im Jahr 2007/2008 auf 29 MT im Jahr 2016/2017 gestiegen. Diese kleinen Zitrusfrüchte werden hauptsächlich in China, Spanien, Marokko, der Türkei und anderen Mittelmeerländern angebaut.

China ist mit einem Anteil von 34% und einem Volumen von 29,5 Mio. Tonnen der weltweit größte Produzent von Zitrusfrüchten, gefolgt von Brasilien mit einem Anteil von 22%. Die EU steht an dritter Stelle, gefolgt von Mexiko (6,7 Mio. t) und den Vereinigten Staaten (4,6 Mio. t). Marokko belegt den siebten Platz, gefolgt von der Türkei mit einem Anteil von 1,6%. Tunesien hat einen Anteil von 0,7% an der Weltproduktion.

2. Die Produktion in Tunesien

Nach dem Rekord von 560 Tausend Tonnen im Wirtschaftsjahr 2016/17 wird die Zitrusfruchtproduktion im Wirtschaftsjahr 2017/2018 aufgrund der ungünstigen Wetterbedingungen, die mit der Blütezeit zusammenfielen, voraussichtlich einen erheblichen Rückgang um 38,2% oder 346 Tausend Tonnen verzeichnen. Dieser Produktionsrückgang wäre auf den Rückgang bei Maltesern (49%), Clementinen (38%) und Navel (31%) zurückzuführen.

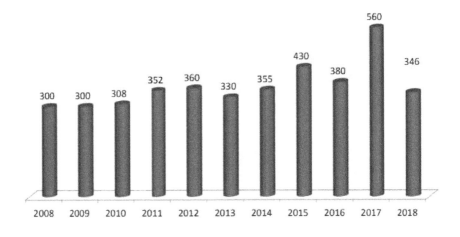

Abbildung 2:*Entwicklung der Zitrusfrüchteproduktion in Tunesien (1000 t)*

Quelle: DGPA

8

In Tunesien sind 90% der Zitrusfrüchteproduktion für den lokalen Markt für den Frischverzehr bestimmt, der in den letzten Jahren stetig gewachsen ist.

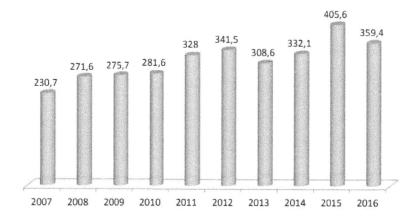

Abbildung 3*:Entwicklung des Verbrauchs von Zitrusfrüchten in Tunesien (1000 Tonnen)*

NB: Der Konsum ist gleich der Differenz zwischen Produktion und Exporten.

Quelle: DGPA+INS

IV. Mikrobiologie der Orange und ihrer Extrakte

Der Konsum von Fruchtsäften ist in den letzten Jahren stark gestiegen, da sie reich an Mineralien und Antioxidantien sind, die für die Gesundheit unerlässlich sind (Aissa et al.2021) (9)

Fruchtsäfte können wie alle säurehaltigen Lebensmittel durch säuretolerante Bakterien, aber auch durch Hefen und Schimmelpilze verunreinigt werden (Aissa et al.2021) (9)

Obst und Gemüse enthalten die Nährstoffe, die für das mikrobielle Wachstum notwendig sind, obwohl die Häufigkeit von Vergiftungen durch diese Pflanzen geringer ist als bei anderen Lebensmitteln (Aissa et al.2021) (9)

E. coli, Salmonellen, Shigella usw. können mehrere Tage oder sogar Wochen in saurer Umgebung überleben.

1. Verwitterungsflora

1.1. Essigsäurebakterien

Diese Bakterien sind häufig auf Pflanzenoberflächen zu finden und können Fruchtsäfte verunreinigen. Die am häufigsten auf Fruchtoberflächen vorkommenden Arten sind Acetobacteraceti und Acetobacterpasteurianus.

1.2. Pathogenes Bakterium

a. Hefen und Schimmelpilze

Die Kontamination von Lebensmitteln durch Schimmelpilze wird derzeit aufgrund der Mykotoxine, die diese Mikroorganismen synthetisieren können, mit großer Aufmerksamkeit betrachtet. Schimmelpilze sind in der Natur (Luft, Boden...) sehr weit verbreitet und können Lebensmittel während der Herstellung sehr leicht kontaminieren. Acidophile, psychrotrophe oder osmophile Hefen können tiefgreifende Veränderungen in Lebensmitteln hervorrufen (Struktur, organoleptische Eigenschaften usw.). Die meisten von ihnen sind nicht pathogen (Aissa et al.2021) [9].

b. Escherichia coli

E. coli ist das vorherrschende Enterobakterium des Verdauungstraktes .seine Identifizierung stellt kein besonderes Problem dar. insbesondere E. coli, das für Durchfall verantwortlich ist (Aissa et al.2021) [9].

c. Salmonella sp

Salmonellen sind Bakterien, die Lebensmittel kontaminieren, wenn die Hygienevorschriften nicht eingehalten werden, was ein sehr wichtiges Problem in der Lebensmittelmikrobiologie darstellt. Salmonellose ist nach wie vor die weltweit am weitesten verbreitete lebensmittelbedingte Toxizität (Aissa et al.2021) [9].

d. Shigella sp

Die Bakterien der Gattung Shigella sind streng pathogene Enterobacteriaceae, die Spezies Shigelladysenteriae ist für die bazilläre Dysenterie oder Shegellose verantwortlich (Aissa et al.2021) [9]

e. Bacillus cereus

Da es sich um thermophile Bakterien handelt, reicht ihr Wachstumstemperaturbereich von 5°C bis 55°C, wobei das Optimum zwischen 30°C und 37°C liegt. Ihr Wachstums-pH-Wert liegt zwischen 4,5 und 9,3.

Es handelt sich um eine ubiquitäre Art, die in der Natur weit verbreitet ist und hauptsächlich in Form von Sporen im Boden, auf Pflanzenoberflächen, in Flüssen oder auch in der Umgebungsluft gefunden wird.

Er ist auch als unerwünschter Erreger in der Lebensmittelindustrie bekannt, da er die organoleptischen Eigenschaften von Lebensmitteln beeinträchtigt. Seine Fähigkeit zu sporen verleiht ihm die Möglichkeit, Wärmebehandlungen zu widerstehen, sowie die Bildung von Biofilmen, die seine Ausrottung erschweren (HAOUCHINE et al, 2017) [15]

2. Quelle der Kontamination

Pathogene und verderbliche Mikroorganismen können Obst und Gemüse auf verschiedene Weise kontaminieren, entweder vor oder nach der Ernte (Deak et al. 1993) [19].

Die Kontaminationen sind daher vielfältig und betreffen die Früchte und ihre Umgebung, die Produktionsbedingungen; die Ernte, den Transport, das Pressen und die Verpackung.

i. Kontamination auf Ebene der landwirtschaftlichen Kulturen

Die Quelle dieser Kontaminationen kann die Pflanze selbst, der Boden, Düngemittel, Tierkot, kontaminiertes Gießwasser, Luft, Umwelt.... sein. Beschädigte oder heruntergefallene Früchte, die f ü r die Saftherstellung verwendet werden, stellen ein potenzielles Kontaminationsrisiko dar, da die entstandenen Verletzungen ein massives Eindringen von Mikroorganismen in das Innere der Frucht und deren Vermehrung begünstigen.

ii. Kontamination auf der Ebene der Produktions- und Lagerkette

Jeder Schritt, der in die Produktion involviert ist, stellt ein Kontaminationsrisiko dar, dazu gehören :

Transport von Obst oder gepresstem Fruchtsaft: Dies ist ebenfalls eine Kontaminationsquelle aufgrund von Mikroorganismen in den Transportfahrzeugen und ihrer Umgebung; um das Risiko zu minimieren, werden die Produktionsstätten oft in der Nähe von

Felder, wo die Säfte gepresst und konzentriert werden und dann an einem anderen Ort wieder zusammengesetzt werden. Dies
minimiert auch den Transportaufwand (AFNOR, 1970) [21].

In der Produktionsstätte oder am Ort der Lagerung können Mikroorganismen in die Frucht gelangen, die aus der Luft, dem Wasser, dem Produzenten selbst (Hände, Haare ...), den verwendeten Hundertschaften, den Maschinen ... stammen.

Kapitel 2: DIE ÄSTHENTIELLEN ÖLE

I. Allgemeines zu Heilpflanzen

Es gibt mehrere Definitionen für Aroma- und Medizinalpflanzen (AMP), und die Palette dieser Pflanzen erweist sich als sehr lang und elastisch und kann die meisten spontanen Pflanzen und viele kultivierte Baum- und Krautarten betreffen.

Laut (Peyron, 2000) können diese verschiedenen Pflanzen abwechselnd oder gemeinsam aromatisch, medizinisch, kosmetisch oder für die Parfümherstellung verwendet werden. Sie werden in verschiedenen Formen verwendet: unverarbeitet, verarbeitet (getrocknet, tiefgefroren), verarbeitet (Extrakte, ätherische Öle, Oleoresine, Isolate). Sie können sich auch nach den geernteten Organen unterscheiden. Um Diskrepanzen im Verständnis bestimmter Schlüsselwörter zu vermeiden, übernehmen wir in diesem Kapitel die von der Weltgesundheitsorganisation(WHO) vorgegebenen Definitionen. (Redouane, 2020)[10].

Laut WHO ist "eine Arzneipflanze eine Pflanze, die in einem oder mehreren ihrer Organe Stoffe enthält, die zu therapeutischen Zwecken verwendet werden können, oder die eine Vorstufe der chemisch-pharmazeutischen Hemisynthese darstellt". Diese Definition ermöglicht die Unterscheidung zwischen bereits bekannten Heilpflanzen, deren therapeutische Eigenschaften oder als Vorläufer bestimmter Moleküle wissenschaftlich nachgewiesen wurden, und anderen Pflanzen, die in der traditionellen Medizin verwendet werden. (Redouane, 2020)[10]

II. Ätherische Öle

1. Definition

Ätherische Öle sind Produkte mit einer im Allgemeinen recht komplexen Zusammensetzung, die die in den Pflanzen enthaltenen flüchtigen Prinzipien enthalten und während der Zubereitung mehr oder weniger verändert werden (Redouane, 2020) [10].

In jüngerer Zeit hat die AFNOR-Norm NF T 75-006 (Oktober 1987) folgende Definition eines ätherischen Öls: Produkt, das aus einem pflanzlichen Rohstoff gewonnen wird, entweder durch Dampfdestillation, durch mechanische Verfahren aus dem Epikarp von Zitrusfrüchten oder durch Trockendestillation.

Ätherisches Öl (ÄÖ) ist die Flüssigkeit, die durch Destillation oder chemische Extraktion mit

Lösungsmitteln aus einer Pflanze gewonnen wird. Es handelt sich trotz seiner Bezeichnung nicht immer um eine fettige oder ölige Flüssigkeit. Ätherische Öle werden häufig in der alternativen Medizin (Aromatherapie) eingesetzt und haben eine Vielzahl an positiven Eigenschaften und gesundheitlichen Vorteilen. Es wird geschätzt, dass etwa 10 % der Pflanzen ätherische Öle produzieren können (Nadjib et al. 2019) [20].

2. Standort und Ertrag

Auf den ersten Blick besitzen alle Pflanzen die Fähigkeit, flüchtige Verbindungen zu produzieren, allerdings meist nur in Spuren. Von den Pflanzenarten werden nur 10% als "aromatisch" bezeichnet (Nadjib et al. 2019) [20].

Die Fähigkeit, HE zu akkumulieren, ist jedoch eine Eigenschaft bestimmter Pflanzenfamilien, die über das gesamte Pflanzenreich verteilt sind und sowohl durch die Gymnospermen-Klasse Cupressaceae (Zedernholz) und Pinacea (Kiefer und Tanne) als auch durch die Angiospermen-Klasse repräsentiert werden (Nadjib et al.,2019)[20].

HE sind natürliche Sekrete, die von der Pflanze gebildet werden und in den Zellen oder Teilen der Pflanze enthalten sind, z. B. in Blüten (Rose), Blütenspitzen (Lavendel), Blättern (Zitronengras), Rinde (Zimtbaum), Wurzeln (Iris), Früchten (Vanillebaum), Knollen (Knoblauch), Rhizomen (Ingwer) oder Samen (Muskat) (Nadjib et al.,2019)[20].

Ätherische Öle werden in spezialisierten Drüsenzellen produziert, die von einer Kutikula bedeckt sind (Redouane, 2020) [10].

Sie werden dann in Zellen mit ätherischen Ölen (Lauraceae oder Zingiberaceae), in sekretorischen Haaren (Lamiaceae), in sekretorischen Taschen (Myrtaceae oder Rutaceae) oder in sekretorischen Kanälen (Apiacieae oder Asteraceae) gespeichert (Redouane, 2020) [10].

Sie können auch in den intrazellulären Raum transportiert werden, wenn die Essenztaschen im inneren Gewebe lokalisiert sind (Redouane, 2020) [10].

An der Lagerstätte sind die Tröpfchen des ätherischen Öls von speziellen Membranen umgeben, die aus hochpolymerisierten Hydroxyfettsäureestern in Verbindung mit Peroxidgruppen bestehen (Redouane, 2020) [10].

Aufgrund ihres lipophilen Charakters und ihrer extrem geringen Gasdurchlässigkeit begrenzen diese Membranen die Verdunstung der ätherischen Öle und ihre Oxidation an der Luft stark (Redouane, 2020) (10).

3. Chemische Zusammensetzung

Die chemische Zusammensetzung von aromatischen Pflanzen ist komplex, Die Anzahl der chemisch unterschiedlichen Moleküle, die ein ätherisches Öl ausmachen, ist variabel, von einer großen Vielfalt an Verbindungen (bis zu 500 verschiedene Moleküle im ätherischen Öl der Rose) (Redouane, 2020) (10)

Neben den Mehrheitsverbindungen (meist zwischen 2 und 6) finden sich auch Minderheitsverbindungen und eine Reihe von Bestandteilen in Spurenform (Redouane, 2020) (10).

Mit relativ niedrigem Molekulargewicht (Terpene: 136 u.m.a., Terpinole: 154 u.m.a. und Sesquiterpene: 200 u.m.a.), was ihnen einen flüchtigen Charakter verleiht und die Grundlage für ihre olfaktorischen Eigenschaften ist. HE besteht aus zwei Fraktionen (Redouane, 2020) (10).

Die erste Fraktion, die sogenannte flüchtige Fraktion (VOC), ist je nach Familie in verschiedenen Organen der Pflanze vorhanden; diese Fraktion besteht aus sekundären Metaboliten, die das ätherische Öl bilden (Redouane, 2020) (10).

Die zweite, nicht-flüchtige Fraktion der Pflanze, die nicht-flüchtigen organischen Verbindungen (NVOC), besteht hauptsächlich aus Cumarinen, Flavonoiden, Acetylenverbindungen und Polyphenolen, die eine grundlegende Rolle in der biologischen Aktivität der Pflanze spielen (Redouane, 2020) (10).

Aromapflanzen zeichnen sich dadurch aus, dass sie in ihren sekretorischen Organen Zellen enthalten, die Sekundärmetaboliten erzeugen. Dort wird deutlich, wie die sehr flüchtigen Moleküle aus 2-Methyl-1-buta-isopropan-Einheiten synthetisiert werden,3-Dien (Isopren) gebildet werden und die Additionsreaktionen dieser Einheiten zu Terpenen, Sesquiterpenen, Diterpenen und ihren Oxidationsprodukten wie Terpenalkoholen, Aldehyden, Ketonen, Ethern und Estern führen (Redouane,2020) (10) .

Alle diese Produkte werden in sekretorischen Zellen angesammelt, die der Pflanze einen charakteristischen Geruch verleihen (Redouane, 2020) (10).

3.1. Die Terpenoide

Terpene sind sehr flüchtige Moleküle, die in der Natur häufig vorkommen, vor allem in Pflanzen, wo sie die Hauptbestandteile von ätherischen Ölen sind (Redouane, 2020) (10)

Terpene entstehen durch die Kopplung von mindestens 2 Isopren-Untereinheiten mit 5 Kohlenstoffen (Redouane, 2020) (10).

3.2. Aromatische Verbindungen

Eine weitere Klasse flüchtiger Verbindungen, die häufig anzutreffen sind, sind aromatische Verbindungen, die von Phenylpropan abgeleitet sind (Redouane, 2020) (10).

Diese Klasse umfasst wohlbekannte Duftverbindungen wie Vanillin, Eugenol, Anethol, Estragol und viele andere (Redouane, 2020) (10).

Sie sind häufiger in ätherischen Ölen von Apiaceae (Petersilie, Anis, Fenchel, Ete..) und sind charakteristisch für Nelken-, Vanille-, Zimt-, Basilikum-, Estragon- und andere Öle (Redouane, 2020) (10).

4. Physikalisch-chemische Eigenschaften von ätherischen Ölen

Ätherische Öle sind bei gewöhnlicher Temperatur Flüssigkeiten mit einem sehr ausgeprägten aromatischen Geruch, die im Allgemeinen farblos oder blassgelb sind, mit Ausnahme einiger ätherischer Öle wie Schafgarbenöl und Matricariaöl (Redouane, 2020) (10).

Diese zeichnen sich durch eine blaue bis grünlich-blaue Färbung aus, die auf das Vorhandensein von Azulen und Chamazulen zurückzuführen ist (Redouane, 2020) (10).

Die meisten ätherischen Öle haben eine geringere Dichte als Wasser und sind wasserdampfanziehbar; es gibt jedoch Ausnahmen wie die ätherischen Öle von Sassafras, Gewürznelke und Zimt, deren Dichte höher ist als die v o n   Wasser (Redouane,2020) (10)

5. Biologische Aktivitäten

Ätherische Öle haben bekanntermaßen antiseptische und antimikrobielle Eigenschaften, viele von ihnen haben antitoxische, antivenetische, antivirale, antioxidative und antiparasitäre Eigenschaften, seit kurzem werden ihnen auch krebshemmende Eigenschaften zugeschrieben (Lahlou et al. 2004).

5.1. Antimykotische Kraft

Im Bereich des Pflanzenschutzes und der Lebensmittelindustrie könnten ätherische Öle oder ihre aktiven Verbindungen auch als Schutzmittel gegen phytopathogene Pilze und Mikroorganismen, die in Lebensmittel eindringen, eingesetzt werden (LisBalchin, 2002)[22]

Im Bereich des Pflanzenschutzes und der Lebensmittelindustrie könnten ätherische Öle oder ihre aktiven Verbindungen auch als Schutzmittel gegen phytopathogene Pilze und Mikroorganismen, die in Lebensmittel eindringen, eingesetzt werden (Abed et *al.* 2021) [23].

5.2. Antibakterielle Kraft

Laut (Benayad, 2008) haben Phenole (Carvacrol, Thymol) den höchsten antibakteriellen Koeffizienten, gefolgt von Monoterpenolen (Geraniol, Menthol, Terpineol), Aldehyden (Neral, Geranial), etc. Beispiel: Oregano-HE, Thymol-Thymian-HE (doctissimo.fr, 04-2020).

Die am besten auf ihre antibakteriellen Eigenschaften untersuchten HEs (ätherische Öle) gehören zu den Lippenblütlern: Oregano, Thymian, Salbei, Rosmarin und Nelken sind aromatische Pflanzen mit ätherischen Ölen, die reich an phenolischen Verbindungen wie Eugenol, Thymol und Carvacrol sind (Abed et *al.* 2021) [23]. Diese Verbindungen besitzen eine starke antibakterielle Aktivität. Carvacrol ist die aktivste von allen (Abed et *al.* 2021) [23].

Die Verbindungen mit der größten antibakteriellen Wirksamkeit und dem breitesten Spektrum sind Phenole: Thymol, Carvacrol und Eugenol. Carvacrol ist der aktivste aller Stoffe, der als ungiftig gilt und als Konservierungsmittel und Lebensmittelaroma in Getränken, Süßigkeiten und anderen Zubereitungen verwendet wird. Thymol ist der aktive Bestandteil von Mundspülungen. Eugenol wird in Kosmetika, Lebensmitteln und zahnmedizinischen Produkten verwendet. Diese Verbindungen haben e i n e antibakterielle Wirkung gegen ein breites Spektrum von Bakterien: Escherichia coli, Bacillus cereus, Listeria monocytogenes, Salmonella enterica, Clostridium jejunii, Lactobacillus sakei, Staphylococcus aureus und Helicobacter pylori (Fabian et al., 2006) [24] .

6. <u>Methoden zur Gewinnung von ätherischem Öl</u>

=> Extraktion durch Hydrodestillation.

=> Extraktion durch Mitreißen mit Wasserdampf.
=> Hydrodiffusion.

=> Kalte Expression.

=> Extraktion mit Lösungsmitteln.

=>Extraktion durch Fettkörper.

=>Extraktion durch Mikrowellen.

Wir haben eine Hydrodestillationsmethode verwendet.

6.1. Extraktion durch Hydrodestillation

Die heterogenen Dämpfe werden in einem Kühler kondensiert und das ätherische Öl trennt sich vom Hydrolat durch den einfachen Unterschied der Dichte, da das ätherische Öl leichter ist (Paupardin et al., 1990) **(25)**.

7. Toxizität von ätherischen Ölen

Ätherische Öle sind riskante Produkte. Die Toxizität beruht auf dem Vorhandensein bestimmter aromatischer Moleküle, für die in Tests Risiken ermittelt wurden: die Familie der Ketone: (Neurotoxizität und Abtreibungsrisiko), die Familie der Phenole und Aldehyde: (Neurotoxizität und Abtreibungsrisiko), die Familie der Phenole und Aldehyde: (Neurotoxizität und Abtreibungsrisiko): (Dermokaustizität, Hepatotoxizität, Reizung der Atemwegsschleimhäute, Auslösen von Asthmaanfällen), die Familie der Furocumarine und Pyrocumarine: (erythematöse Reaktionen bei längerer Sonneneinstrahlung), die Familie der Monoterpene: (entzündet und schädigt die Nephrone) (Aomari et al.,2018) **(24)**.

In der heutigen Welt der Naturprodukte sollte man diese Substanzen nicht missbräuchlich verwenden. Wie bei einem Medikament gibt es für jedes ätherische Öl ein Gleichgewicht zwischen Nutzen und Risiko, das ebenfalls themenspezifisch betrachtet werden muss (Aomari et al. 2018) **(24)**.

8. Vorschriften

Sobald der Hersteller angibt, dass ein ätherisches Öl zur Einnahme bestimmt ist, muss es lebensmitteltauglich sein. In diesem Bereich findet man zwei Arten der Verwendung:

➢ Öle, die für aromatische Zwecke vermarktet werden

Viele ätherische Öle können in der Küche verwendet werden. Die EU-Verordnung über Aromen hat eine Reihe von Bestimmungen festgelegt, darunter die Kennzeichnung und die Pflichten der für das erste Inverkehrbringen Verantwortlichen (Verordnung (EG) Nr. 1334/2008).

Ätherische Öle aus Pflanzen, die anerkanntermaßen zur Herstellung von Aromen verwendet werden, dürfen daher in Lebensmitteln verwendet werden, sofern ihre Verwendungsmenge mit der Verwendung als Aroma vereinbar ist (in der Größenordnung von maximal 2 %) (Verordnung (EG) Nr. 1334/2008).

➢ Öle, die als Nahrungsergänzungsmittel vermarktet werden

Einige ätherische Öle können zur Ergänzung der normalen Ernährung verwendet werden. In diesem Fall haben die Vorschriften eine Meldepflicht bei der DGCCRF eingeführt. Gesundheitsbezogene Angaben auf diesen Produkten müssen ebenfalls vorab genehmigt werden (Verordnung (EG) Nr. 1829/03).Je nach Zusammensetzung und Aufmachung kann ein für den Verbraucher bestimmtes HE als Arzneimittel, Kosmetikum oder Lebensmittel angesehen werden.

Materialien Und Methoden

I. Biologische Materialien

Die Früchte, die Gegenstand unserer Studie sind, stammen von Obstpflanzen, die zu den folgenden Arten gehören:

* **Clementinenbaum** (Citrus clementina Hort. ex. Tan.), * **Mandarinenbaum (Citrus** reticulata Blanco), * **Orangenbaum (Citrus** sinensis Osb), * **Zitronenbaum (Citrus** limon L.), * **Pomelo (Citrus** paradisi Macf.).(Khaled.2020) (16)

1. Sampling

Zitrusfrüchte: Für die Kontrolle von Zitrusfrüchten haben wir die folgenden Stufen gewählt:

- Empfangsstation für Zitrusfrüchte

- Bürstenstation

-Wäsche vor und nach dem Ausgehen.

-Lagerung von Zitrusfrüchten (von verschimmelten Zitrusfrüchten)

Man nimmt 1 kg Früchte als repräsentative Probe. Die Früchte werden mit sterilem destilliertem Wasser in einer Menge von 250 ml pro 1 kg Probe gewaschen.

Die Analyse des Waschwassers gibt uns Hinweise darauf, inwieweit die Früchte mit pathogenen Stämmen (Bakterien oder Pilzen) kontaminiert sind. (Khaled.2020) (16)

2. Mikrobiologische Analysen von Zitrusfrüchten

2.1. Auszählung der Mikroflora von Saft und Früchten.

Eine Reihe von Verdünnungen des halbfertigen Saftes oder des Waschwassers wird durchgeführt, um eine zählbare Bakteriensuspension auf einem festen Medium in einer Petrischale zu erhalten. Verdünnungen von
10 in 10 werden durchgeführt. Die Aussaat kann auch mit der Massenimpfmethode durchgeführt werden, aber diese Methode unterschätzt die Populationsgröße durch die Tatsache, dass Stämme, die sehr sauerstoffbedürftig sind, nicht wachsen. Jeder lebende Stamm, der in die Masse eines günstigen Agarmediums eingebracht wird, führt in der Regel zu einer Kolonie, die mit bloßem Auge erkennbar ist. Wenn also ein Produkt oder seine Verdünnung in dieses Nährmedium geimpft wird, entspricht die Anzahl der entwickelten Kolonien der Anzahl der Mikroorganismen, die in dem beimpften Volumen vorhanden sind.

(Khaled.2020) (16).

i. Suche nach Hefe- und Schimmelpilzen

❖ Vorgehensweise

Die Auszählung der Pilzflora wurde auf Sabouraud durchgeführt. Eine Entnahme von 10 ml

Nach der Verfestigung werden diese Schalen mit 0,1 ml der Oberflächensaftlösung geimpft und dann bei der Temperatur (37°C) für 3-10-15 Tage bebrütet.

ii. Suche nach Escherichia coli

❖ Vorgehensweise

Ein Ansatz von 15 ml Hekteon Agar, der in leere Petrischalen für die Auszählung gegossen wurde, bei 37C verflüssigt, gründlich mischen und erstarren lassen.

Nach der Verfestigung werden diese Schalen mit 1 ml der Oberflächensaftlösung geimpft (Aissa et al.2021) (9)

iii. Suche nach Staphylococcus aureus

❖ Vorgehensweise

Eine 15-ml-Füllung Baird-Parker-Agar, die in Petrischalen für die Auszählung gegossen wurde, bei 37C verflüssigt, gründlich mischen und erstarren lassen.

Nach der Verfestigung werden diese Schalen mit 0,1 ml der Oberflächensaftlösung geimpft. (Aissa et al.2021) (9)

iv. Suche nach Salmonella sp

❖ Vorgehensweise

Die Anreicherung der Salmonellen erfolgt in einer Selenit-Anreicherungsbouillon. Andererseits wird das SS-Agar-Medium geschmolzen und in die Petrischalen gegossen (zwei Schalen pro Verdünnung), dann wird das Hekteon-Medium auf die Oberfläche geimpft. Inkubation der geimpften Knetschalen bei 37°C für 24-48 Stunden (Aissa et al.2021) (9)

v. Suche nach Shigella sp

❖ Vorgehensweise

Der Hekteon-Agar wurde ursprünglich sowohl für die Suche nach Salmonellen als auch nach

Shigella verwendet, Shigella wachsen auf dem Hekteon-Agar viel besser. (Aissa et al.2021)(9).

2.2. Identifikation

Die Identifizierung von Bakterien erfolgt in vier Schritten:

- Untersuchung der makroskopischen Merkmale der Bakterienkolonie (Form, Relief, Geruch, Umriss, Größe und Farbe) ;
- Untersuchung der mikroskopischen Merkmale (Gram-Färbung, Keimform) ;
- Suche nach biochemischen Merkmalen (Katalase, Oxydase...) ;
- Bestätigung einiger Stämme durch Api-Galerie.

2.2.1. Makro- und mikroskopische Untersuchung

Beobachtung von Kolonien

Nach der Inkubation werden alle makroskopischen Merkmale der Kolonien notiert.

- Form der Kolonie: kreisförmig, unregelmäßig oder rhizoid.
- Aussehen: punktförmig (< 1 mm Durchmesser) mittelgroß, groß oder invasiv.
- Opazität: Transparenz, Transluzenz.
- Erhebung: flache, konvexe, zentrierte, erhöhte Kolonie.
- Oberfläche: glatt, rau, stumpf, glänzend, trocken, pulverig, faltig, cremig.
- Rand: ganzrandig, gewellt, gelappt, gezähnt, rhizoid, gezackt.
- Konsistenz: zähflüssig oder körnig.
- Geruch: Vorhandensein oder Fehlen eines charakteristischen Geruchs.

Jede Kolonieart wird nach der Reinigung steril in ein Röhrchen mit steriler Nährbouillon verpflanzt.

❖
Mikroskopische Beobachtung

Nachdem ein Bakterium isoliert wurde, muss es identifiziert werden. Eine erste Klassifizierung erfolgt nach morphologischen und kulturellen Merkmalen, die Identifizierung der Arten wird dann mit Hilfe von Identifikationsmedien durchgeführt. Einige Identifikationsmedien sind spezifisch für bestimmte Keime, andere können für viele Keime verwendet werden. Die erste Voraussetzung ist ein "reiner" Keim und eine reiche Kultur, die ausreicht, um verschiedene Nährböden zu besiedeln.

2.2.2. Gram-Färbung

Bakterien, die nicht durch Alkohol entfärbt wurden, werden als grampositiv bezeichnet; sie erscheinen violett, während gramnegative Bakterien, die durch Alkohol entfärbt und durch den Kontrastfarbstoff neu gefärbt wurden, rosa erscheinen. Diese beiden Verhaltensweisen ergeben sich aus einem grundlegenden Unterschied in der Zusammensetzung und Struktur der Wand. Im Gegensatz zur Wand gramnegativer Bakterien stellt die Wand grampositiver Bakterien eine Barriere dar, die verhindert, dass das Zytoplasma, in dem die Reaktion stattfindet, durch Alkohol verfärbt wird.

➢
Vorbereitung des Abstrichs

- Geben Sie mit einer sterilen Pipette 1 Tropfen steriles Wasser auf einen Glasobjektträger.

- Mit einer sterilen Schleife eine Bakterien- oder Pilzkolonie entnehmen und mit dem Wassertropfen vermischen

- An der Umgebungsluft trocknen lassen.

➢
Eine Gram-Färbung durchführen

- Der fixierte Ausstrich wird 1 Minute lang mit einer Enzianviolettlösung gefärbt (60s).

- Anschließend wird er unter einem Strahl klaren Wassers abgespült

- Der Ausstrich wird 1 Minute lang in diesem Medium belassen.

- Nach dem Waschen mit klarem Wasser

- tropft man ein Alkohol-Aceton-Gemisch auf den schräg gestellten Objektträger (20 Sekunden lang).

- Sobald das Lösungsmittel klar abfließt, solltest du seine Wirkung unverzüglich durch gründliches Waschen mit Wasser beenden und gut abtropfen lassen.

- Der Ausstrich wird dann einer Kontrastfärbung unterzogen, indem er 30 Sekunden lang mit einer Safraninlösung behandelt wird,

- gründlich mit klarem Wasser abgespült

- und an der Luft oder vorsichtig zwischen zwei Blättern Löschpapier getrocknet.

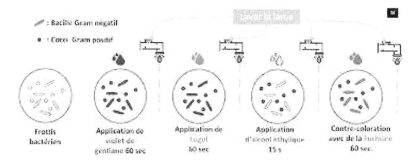

Abbildung 4: Protokoll der Gram-Färbung

➢ **Betrachten Sie den gefärbten Ausstrich unter dem Mikroskop (40x, dann 100x).**

Bakterien, die nicht durch Alkohol entfärbt wurden, werden als grampositiv bezeichnet; sie erscheinen violett, während gramnegative Bakterien, die durch Alkohol entfärbt und durch den Kontrastfarbstoff neu gefärbt wurden, rosa erscheinen. Hefepilze und Myzelfäden erscheinen grampositiv.

2.2.3. Biochemische Aktivitäten

Suche nach Enzymaktivität, die eine Orientierung der Diagnose ermöglicht. Führen Sie den richtigen Test (Katalase oder Cytochrom-Oxidase) durch, je nachdem, welche Art von Bakterium Sie in der Kultur haben: grampositive Rümpfe oder gramnegative Bazillen.

⁜ **Produktion von Katalase**

Prinzip

- Nachweis durch Sauerstoffproduktion (positiver Test), wenn die Bakterien Bazillen oder Gram+ Kokken sind.

Nützlichkeit des Tests

- Differenzierung von Gram + Schalenbakterien

Vorgehensweise

- der Test besteht darin, mithilfe einer Oese ein Koloniefragment in einen Tropfen Wasserstoffperoxid auf einem Glasobjektträger zu übertragen: Durch die Anwesenheit von Katalase entstehen Sauerstoffbläschen.

$2H_2O_2$ ▶ $2H_2O + O_2$

⁜ **Produktion von Cytochrom-Oxidase**

Prinzip

Dieser Test stellt fest, ob ein Bakterium eine bestimmte Art von Cytochrom in seiner Atmungskette enthält. Die Oxidation von chromogenem Substrat wie Tetramethyl-p-phenylendiamin führt zu einer intensiven violetten Farbe.

Nützlichkeit des Tests

Phänotypische Identifizierung nach der Enzymproduktion: Differenzierung von Gram- - Bazillen

24

Vorgehensweise

Man verwendet einen mit dem Reagenz, N-Dimethylparaphenylendiamin, getränkten Papierstreifen, auf dem ein Koloniefragment mit einer Oese ausgestrichen wird. Die oxidasehaltigen Spezies ergeben innerhalb von maximal 30 Sekunden eine positive, violett gefärbte Reaktion.

⊥ Identifizierung von Staphylokokken: Koagulase

Dieser Test, der die Fähigkeit von Bakterien zur Plasmakoagulation nachweist, ist der wichtigste Test zur Charakterisierung von S. aureus. Er dient somit der Unterscheidung zwischen Staphylococcus aureus und koagulase-negativen Staphylokokken. Beim Nachweisverfahren wird eine Mischung aus Kaninchenplasma und dem zu testenden Stamm vier Stunden lang bei 37 °C inkubiert. Das Auftreten eines Gerinnsels wird beobachtet, indem das Röhrchen bei 90°C gekippt wird.

⊥ Identifizierung von Hefen mithilfe von Merkmalengalerie

Es ist möglich, Hefen anhand biochemischer Merkmale zu identifizieren, die mit der Produktion von artspezifischen Enzymen zusammenhängen. Das API-System besteht aus einer Identifikationsgalerie mit einer Reihe von standardisierten und miniaturisierten biochemischen Tests.

In unserer Studie werden wir die aus Zitrusfrüchten isolierten Hefen durch die api Candida Galerie identifizieren.

❖
Vorgehensweise

 Auswahl der Kolonien

- Überprüfe bei einer mikroskopischen Untersuchung, ob es sich bei dem untersuchten Stamm um eine Hefe handelt. Die folgenden Medien können verwendet werden, um die Kolonien vor der Verwendung der

API Candida-Galerie: Sabouraud-Agar

■
Vorbereitung der Galerie
- Füge Boden und Deckel einer Inkubationsschale zusammen und verteile ca. 5 ml Wasser (entmineralisiertes, destilliertes oder jedes Wasser ohne Zusätze oder chemische Substanzen, die Gase freisetzen können (z. B. Cl2, CO2, ...)) in den Zellen, um eine feuchte Atmosphäre zu schaffen.
- Legen Sie die Galerie in die Inkubationsbox.

■
Vorbereitung des Inokulums
- Öffnen Sie eine Ampulle API NaCl 0,85 % Medium (2 ml).

- Mit einer Pipette oder einem Tupfer eine oder mehrere identische, gut isolierte Kolonien entnehmen und eine Suspension herstellen, deren Trübung der des McFarland-3-Standards entspricht: Bewertung durch Vergleich mit einer Trübungskontrollprobe oder mit einem Densitometer. Bevorzugt junge Kulturen (18-24 Stunden) verwenden.
  - Die Hefesuspension gut homogenisieren. Diese Suspension muss verwendet werden extemporiert.

■
Impfung der Galerie
- Verteile die vorherige Hefesuspension ausschließlich in den Röhrchen und vermeide dabei Blasenbildung (dazu kippst du die Inkubationsschale nach vorne und stellst die Pipette seitlich an die Schale).
- Bedecken Sie die ersten 5 Tests (GLU bis RAF) und den letzten Test (URE) mit Paraffinöl (unterstrichene Tests) sofort nach der Inokulation der Galerie. HINWEIS: Die Qualität der Füllung ist sehr wichtig: Unter- oder überfüllte Röhrchen führen zu falsch-positiven oder falsch-negativen Ergebnissen.
- Verschließen Sie die Inkubationsbox wieder.
- 18-24 Stunden bei 36°C ± 2°C in aerober Atmosphäre inkubieren.

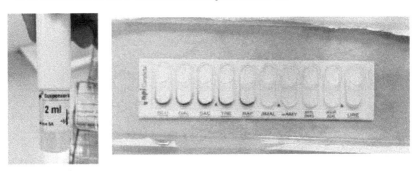

*Abbildung 5:*Identifizierung von Hefepilzen durch Galerie api Candida

3. Qualitative Bewertung der antimikrobiellen Aktivität von ätherischen Ölen: **Aromatogramm**

3.1. Methode zum Verbreiten auf Disk

Der Agarplatten-Diffusionstest ist das offizielle Verfahren, das in vielen klinisch-mikrobiologischen Labors für die routinemäßige Prüfung der Empfindlichkeit gegenüber antimikrobiellen Substanzen verwendet wird. Bei diesem Verfahren werden die Agarplatten mit Kolonien des Testmikroorganismus geimpft. Anschließend werden Filterpapierscheiben (ca. 6 mm Durchmesser), die mit HE in der gewünschten Konzentration getränkt sind, auf die Oberfläche des Agars gelegt. Die Petrischalen werden 18 bis 24 Stunden lang bei 37°C inkubiert. Das HE diffundiert in den Agar und hemmt die Keimung und das Wachstum des Testmikroorganismus, dann werden die Durchmesser der hemmenden Wachstumszonen gemessen. Dieser helle Bereich um die Scheiben herum ist proportional zur antibakteriellen Aktivität des ätherischen Öls. Er liefert qualitative Ergebnisse, indem er die Bakterien als empfindlich, intermediär oder resistent einstuft. (Alexandra.2020) [17].

3.2. Methode zur Diffusion von Agar-Wells

Ähnlich wie bei dem Verfahren der Scheibendiffusionsmethode wird die Oberfläche der Agarplatte beimpft, indem ein Volumen des mikrobiellen Inokulums über die gesamte Oberfläche des Agars verteilt wird. Anschließend wird ein Loch mit einem Durchmesser von etwa 6 mm aseptisch perforiert und ein Volumen (20-100 µL) des antimikrobiellen Mittels oder der Extraktlösung in der gewünschten Konzentration in den Schacht eingebracht. Anschließend werden die Agarplatten je nach getestetem Mikroorganismus unter geeigneten Bedingungen inkubiert. Das antimikrobielle Mittel diffundiert in das Agarmedium und hemmt das Wachstum des getesteten Mikrobenstamms. (Alexandra.2020) [17]

a. Mikrobenstämme

Die Keime, die auf die antimikrobielle Wirkung der ätherischen Öle getestet wurden, sind folgende:

Staphylococcus aureus Pseudomonas aeruginosa Escherichia coli Salmonella thyphimurium Shigella sonnei

Bacillus cereus

Hefe (zu identifizieren)

b. Re-Isolierung von Mikrobenstämmen

Um reine und junge Mikrobenstämme zu erhalten, wurden regelmäßige Nachbesatzungen nach der Streifenmethode mit der Pasteurpipette auf dem Hekteon-Medium für Pseudomonas aeruginosa und Escherichia coli, dem Chapman-Medium für Staphylococcus aureus und dem Sabouraud-Medium für Hefen und Schimmelpilze durchgeführt. (Hessas et al .2020) [11].

c. Vorbereitung der EH-Verdünnungen

Verwendete ätherische Öle :

- *HE Thymian (Thymus vulgaris)*
- *HE Salbei (Salvia officinalis)*
- *HE Schwarzer Pfeffer (piper nigrum)*
- *HE Myrte (Myrtus communis L)*
- *HE Rosmarin (Rosmarinus officinalis)*
- *HE Kümmel (Carum carvi L)*
- *HE Knoblauch (Allium sativum)*
- *HE Gewürznelke (Syzygium aromaticum)*

Abbildung 6: Ätherische Öle

Die Vorbereitung der Verdünnungen von EH

Eine Reihe von Verdünnungen der 8 ätherischen Öle in DMSO (Dimethylsulfoxid) wurde durchgeführt, beginnend mit einer **1/2- bis** zu einer 1/8-Verdünnung in sterilen Glasröhrchen :

- Die erste enthält 500 µl ätherisches Öl und 500 µl DMSO.

- 500 µl der ersten Verdünnung werden in das zweite Röhrchen **(1/4)** überführt, dem 500 µl DMSO hinzugefügt werden, dann wird geschüttelt.

- 1/8, 1/16, 1/32 Verdünnungen, werden auf die gleiche Weise nach dem Schema in **Abbildung 7** hergestellt.

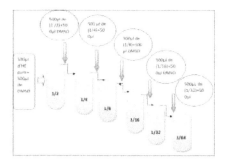 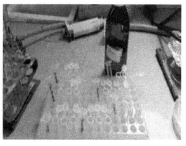

Abbildung 7:Vorbereitung der verschiedenen Verdünnungen

d. Vorbereitung der mikrobiellen Suspensionen

Von einer Reinkultur der zu testenden Bakterien auf einem Isolationsmedium schabt man mit einer versiegelten Pasteurpipette einige gut isolierte und völlig identische Kolonien ab.

- Entlade die Pastorpipette in 5 ml sterilem physiologischem Wasser.

- die Bakteriensuspension gut homogenisieren

■

Die Zelldichte einer Bakteriensuspension wird während einer
einfacher Vergleich mit der Trübung des Standards. Dies kann sowohl durch einen direkten visuellen Vergleich als auch durch eine Messung in einem Spektralphotometer geschehen.
■

Aus einer flüssigen Bakterienkultur, die 18 bis 24 Stunden jung war, wurde eingestellt

die Trübung der Suspension, so dass eine optische Dichte zwischen 0,08 und 0,1bei einer

Wellenlänge von 600 nm (etwa10 KBE/ml) erreicht wird.

e. Die Aussaat

Als Nährmedien werden Nähragar (GN), Sabouraud (SAB) für Hefen und Schimmelpilze verwendet, die

am häufigsten für die Prüfung der Empfindlichkeit gegenüber antibakteriellen Wirkstoffen eingesetzt

werden.

- Tauchen Sie einen sterilen Abstrichtupfer in die Bakteriensuspension (er vermeidet eine Kontamination des Manipulators und des Labortisches).

- Ihn durch festes Drücken und Drehen an der Innenwand des Rohrs auswringen, um ihn so weit wie möglich zu entlasten.

- Reibe mit dem Tupfer über die gesamte, trockene Agaroberfläche, von oben nach unten, in dichten

Streifen.

- Wiederholen Sie den Vorgang dreimal und drehen Sie die Petrischale jedes Mal um 60°, ohne zu vergessen, den Tupfer um die eigene Achse zu drehen.

- Beende die Aussaat, indem du mit dem Abstrichtupfer über den Rand des Agars streichst.

- Bei der Aussaat von mehreren Petrischalen muss der Abstrichtupfer jedes Mal neu befüllt werden.

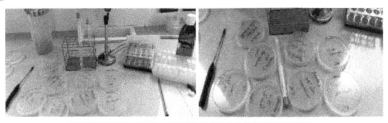

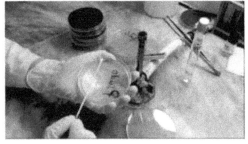

Abbildung 8:Das Impfen der Bakteriensuspensionen

f. Perforation von Schächten

Ein Loch mit einem Durchmesser von etwa 6 mm wird aseptisch perforiert und ein Volumen (10-20 µL) des antimikrobiellen Mittels oder der Extraktlösung in der gewünschten Konzentration wird in den Schacht eingebracht.

g. Negative Kontrolle

In jeder Petrischale wurde Eine Vertiefung mit DMSO gefüllt.

h. Inkubation

Die Schalen werden 2 Stunden lang bei 4°C diffundieren gelassen, für die Bakterienstämme 24 Stunden lang bei 37°C im Trockenschrank inkubiert und für den Pilzstamm 48 bis 72 Stunden lang. Für jeden Test werden drei Versuche durchgeführt.

i. Ausdruck der Ergebnisse

Das Fehlen von mikrobiellem Wachstum zeigt sich in einem Halo um die Vertiefungen, deren Durchmesser mit einer Schieblehre gemessen wurde (einschließlich des Vertiefungsdurchmessers von 6 mm).

Eine Skala zur Einschätzung der antimikrobiellen Aktivität eines ätherischen Öls auf der Grundlage der Durchmesser der Hemmzonen (D) ermöglicht die Unterscheidung von 5 Klassen von ätherischen Ölen.

- Sehr stark hemmend: $D \geq 30$ mm
- Stark hemmend: 21 mm $\leq D \leq 29$ mm
- Mäßig hemmend: 16 mm $\leq D \leq 20$ mm
- Leicht hemmend: 11 mm $\leq D \leq 16$ mm
- Nicht hemmend: $D \leq 10$ mm

Die Empfindlichkeit der Stämme gegenüber antimikrobiellen Mitteln wurde anhand des Hemmhofdurchmessers der Hemmhofzonen nach (Djeddi et Al, 2007) [26] wie folgt klassifiziert:

- (-) resistenter Stamm (D<8 mm)
- (+) empfindlicher Stamm (9mm $\leq D \leq 14$mm)
- (+ +) sehr anfälliger Stamm (15mm $\leq D \leq 19$ mm)
- (+ +) extrem empfindlich (D >20 mm)

4. Quantitative Bewertung (CMI)

Die Minimale Hemmkonzentration (MHK) entspricht der kleinsten Konzentration des ätherischen Öls, die jegliches mit bloßem Auge sichtbares mikrobielles Wachstum hemmt. Sie wird für jede Art, die im vorangegangenen Test eine Empfindlichkeit gegenüber dem ätherischen Öl gezeigt hat, durch die Technik der Feststoffverdünnung ermittelt (BOUALEM et al.2016) [27].

♣ Zubereitung der mikrobiellen Suspensionen
Sie wurden wie zuvor vorbereitet
♣ Vorbereitung der Verdünnungen des ätherischen Öls
- Eine Reihe von Verdünnungen des Thymian-Öls im Agarmedium wird durchgeführt, beginnend mit einer 2%igen Verdünnung bis hin zu einer 0,03%igen Verdünnung. Sie werden

wie folgt hergestellt:

- 1 ml HE in 49 ml verflüssigtes GN (oder Sabouraud) Agarmedium einrühren (im Wasserbad (95°±2°C), dann auf 40°±2°C abkühlen).

- Schütteln, um die Mischung zu homogenisieren. Eine Verdünnung (D0) auf 2% Volumen zu Volumen

(v/v) wurde dann erhalten.

- Entnehme 25 ml der vorherigen Mischung (D0) und teile sie in zwei Petrischalen zu je 12,5 ml auf.

- Füge 25 ml des verflüssigten Agarmediums GN (oder Sabouraud) zu den restlichen 25 ml des 2%igen D0

- hinzu, um eine 1%ige Verdünnung (D1) zu erhalten.

- Entnehmen Sie 25 ml von D1 und teilen Sie diese auf zwei Petrischalen mit je 12,5 ml Inhalt auf. Geben Sie dann 25 ml des verflüssigten Agarmediums GN (oder Sabouraud) zu den restlichen 25 ml von D1 hinzu, um eine 0,5%ige Verdünnung (D2) zu erhalten.

- - Führen Sie die gleichen Schritte fort, um die Verdünnungen herzustellen: D3 auf 0,25%, D4 auf 0,125%, D5 auf 0,06% und D6 auf 0,03%.

- auch zwei Dosen ohne ätherisches Öl als Negativkontrollen vorbereiten, eine auf 12,5 ml GN und die andere auf 12,5 ml Sabouraud.

*Abbildung 9:*Vorbereitung der HE-Verdünnungen (MIC)

⭧ Ausbreiten von mikrobiellen Suspensionen

Nach dem Erstarren der Medien wurden die verschiedenen mikrobiellen Suspensionen mit einem Tupfer auf dem GN und mit einem Rechen auf dem SAB verteilt.

⭧ Inkubation

Die GN-Schalen wurden bei 37°C für 24 Stunden und die SAB-Schalen für 48- 72 Stunden bebrütet.

Die MIC entspricht der kleinsten Konzentration eines ätherischen Öls, die jegliches mit bloßem Auge sichtbares Bakterien- oder Pilzwachstum hemmt.

5. Statistische Analysen

Die Werte für den Hemmhofdurchmesser und die MIC aller untersuchten Proben wurden durch eine Einfaktor-Varianzanalyse (ANOVA) mithilfe der Software SPSS statistics 20 verglichen. Signifikante Unterschiede ($P < 0,05$) zwischen den ätherischen Ölen wurden mit Hilfe der Duncan-Mehrbereichstests festgestellt.

Ergebnisse Und Diskussion

1. Ergebnisse

1.1. Mikrobiologische Analysen

1.1.1. Bakterien

Die im Saft verschiedener Stationen vorhandene Flora ist nichts anderes als das Ergebnis einer Vielzahl von Mikroorganismen, die aus der Frucht selbst, der Lageratmosphäre, der Verarbeitungs- und Verpackungskette, dem Wasser und dem Personal stammen. Die mikrobiologische Qualität des Produkts, das für den Verzehr bestimmt ist, ist ein entscheidender Faktor für die Gewährleistung der hygienischen Sicherheit.

Die isolierten Stämme und ihre makro-mikroskopischen und biochemischen Merkmale sind in **Tabelle 2** und **Anhang 1** dargestellt.

*Tabelle 2:*Merkmale der Stämme

Stämme	Form	Gram	Catalase	Oxydase	Koagulase
S.aureus	Kokkus	Gram $^+$	Katalase +	OX	Koagulase+
E. coli	Bacillus	Gram $^-$	Katalase +	OX	
Salmonella thyphimurium	Bacillus	Gram-	Katalase +	OX	
Shigella sonnei	Bacillus	Gram-	Katalase +	OX	
Pseudomonas aeruginosa	Bacillus	Gram $^-$	Katalase +	OX-	
Bacillus cereus	Bacillus	Gram+	Katalase +	OX-	

1.1.2. Hefen

Lesen der Galerie

Laut **Anhang 2** ist die identifizierte Hefe "***Trichosporon spp***".

Trichosporon spp ist ein hefeähnlicher Pilz, der zur Familie der Trichosporonaceae. Der Erreger ist in der Lage, sich an Biofilme anzuheften sowie solche zu bilden.

Trichosporon spp ist allgegenwärtig und findet sich unter anderem im Boden, in Pflanzen und im Wasser.

Der Erreger kann auch bei verschiedenen Tierarten vorkommen, z. B. bei Fledermäusen, Vögeln, Haustieren und Vieh.

Trichosporon spp kann oberflächliche Infektionen wie die Weiße Schuppenflechte (Pilzinfektion des Haarschaftes) oder die Onychomykose (Pilzinfektion der Nägel) verursachen. Der Erreger verursacht auch eine invasive Infektion, die als Trichosporonose bezeichnet wird. Die Trichosporonose tritt vor allem bei Menschen mit einem geschwächten Immunsystem auf.

1.2. Qualitative Bewertung der antibakteriellen Aktivität von ätherischen Ölen: Aromatogramm

Mithilfe der Agar-Well-Diffusionsmethode konnten wir die antimikrobielle Wirkung von HE gegenüber Mikroorganismen nachweisen. Die Empfindlichkeit der Stämme zeigt sich in einem Hemmhof um die Vertiefungen herum, wobei die ermittelten Hemmhöfe zwischen 4 und 48 mm variieren, was darauf hindeutet, dass die getesteten Stämme unterschiedlich empfindlich gegenüber HE sind. Die angegebenen Werte sind die Mittelwerte von drei Messungen.

Die Konzentration des ätherischen Öls hat eine Beziehung zu den Hemmzonen. So ist der Hemmbereich umso größer, je höher die Konzentration ist.

Die Ergebnisse des HE-Aromatogramms sind in **Tabelle 3** zusammengefasst

Tabelle 3:die Durchmesser der Mutingzonen

Stämme	Durchmesser der Mutingzonen (mm) [a]								
	Thymus vulgaris			Salvia officinalis			Allium sativum		
	Verdünnungen			Verdünnungen			Verdünnungen		
	1/2	1/4	1/8	1/2	1/4	1/8	1/2	1/4	1/8
S.aureus	40±1	38±1	32±1	20±1	14±1	13±1	18±1	15±1	6±1
E. coli	32±1	28±1	22±1	10±1	9±1	7±1	12±1	10±1	9±1
Salmonella thyphimurium	25±1	18±1	14±1	13±1	9±1	6±1	22±1	19±1	15±1
Shigella sp	32±1	30±1	25±1	15±1	12±1	7±1	16±1	16±1	12±1
P. aeruginosa	8.5±1	7±1	7±1	10±1	6±1	5±1	10±1	9±1	9±1

B.cereus	26±1	22±1	18±1	16±1	14±1	13±1	23±1	19±1	13±1
richosporon spp	48±1	43±1	43±1	20±1	18±1	14±1	36±1	35±1	33±1

Stämme	Durchmesser der Mutingzonen (mm) [a]								
	Myrtus communis L Ro			Smarinus officinalis			piper nigrum		
	Verdünnungen			Verdünnungen			Verdünnungen		
	1/2	1/4	1/8	1/2	1/4	1/8	1/2	1/4	1/8
S.aureus	25±	22±1	20±1	15±1	16±1	13±	15±1	11±	6±1
E. coli	13±	11±1	9±1	9±1	11±1	10±	10±1	13±	16±
Salmonella thyphimurium	12±	10±1	9±1	18±1	14±1	8±	15±1	13±	11±
Shigella sp	10±	10±1	7±1	17±1	12±1	7±	18±1	16±	12±
P. aeruginosa	18±	15±1	12±1	10±1	6±1	5±	15±1	9±1	8±1
B.cereus	24±	21±1	18±1	10±1	12±1	14±	9±1	8±1	6±1
Trichosporon spp	47±	45±1	42±1	28±1	18±1	14±	40±1	35±	30±

Stämme	Durchmesser der Mutingzonen (mm) [a]						
	Carum carvi L			Syzygium aromaticum			DMSO"-Kontrolle
	Verdünnungen			Verdünnungen			
	1/2	1/4	1/8	1/2	1/4	1/8	
S.aureus	20±1	18±	12±1	29±1	26±	25±1	0
E. coli	7±1	7±	4±1	14±1	12±	11±1	0
Salmonella thyphimurium	15±1	13±	11±1	16±1	12±	13±1	0
Shigella sp	10±1	10±	9±1	13±1	11±	10±1	0
P. aeruginosa	15±1	16±	17±1	6±1	6±	3±1	0
B.cereus	9±1	6±	4±1	16±1	14±	17±1	0
Trichosporon spp	34±1	33±	28±1	29±1	25±	24±1	6

[a]: Der Brunnendurchmesser ist eingeschlossen

Anhand der Werte in Tabelle 3 haben wir die pathogenen Stämme nach ihrer Empfindlichkeit gegenüber ätherischen Ölen klassifiziert.

Tabelle 4: Klassifizierung der Tonerde nach ihrer Empfindlichkeit gegenüber HE

Stämme	*Thymus vulgaris*	*Salvia officinalis*	*Allium sativum*	*Myrtus communis L*	*Rosmarinus officinalis*	*piper nigrum*	*Carum carvi L*	*Syzygium aromaticum*
S.aureus	+++	+++	++	+++	++	++	++	+++
E. coli	+++	++	+	+	+	+	-	+
Salmonella thyphimurium	+++	+	++	+	+	++	+	+
Shigella sonnei	+++	+++	++	+	++	++	+	+
P. aeruginosa	-	+	+	++	+	+	++	-
B.cereus	+++	++	+	+	-	-	+	++
Trichosporon spp	+++	+++	I I I	I I I	++	+++	+++	+++

+++: D>20mm: extrem empfindlich   ;   +: 9<D<14: empfindlich

++: 15<D<19: sehr empfindlich   - : D<8: widerstandsfähig

⬦ Ätherisches Öl aus Thymian (Thymus vulgaris) gegenüber pathogenen Stämmen

1-Faktor-ANOVA

Stämme

	Summe der Quadrate	ddl	Mittelwert der Quadrate	F	Bedeutung
Gruppenübergreifend	69.000	1(	6.90(	4.600	.01(
Intra-Gruppen	15.000	1(	1.50(		
Gesamt	84.000	2(			

Geschätzte Verteilungsparameter

	Stämme	Verdünnungen	Hemmungsdurchmesser
Minimum Gleichmäßige Verteilung	1	1.000	7.0(
Maximum	7	7.000	48.00

Die Beobachtungen werden nicht gewichtet.

38

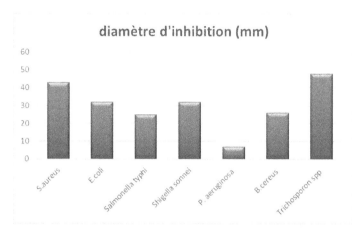

*Abbildung 10:*Histogramm zum Vergleich der Hemmbereiche von Thymian-HE

*Abbildung 11:*Das Aromatogramm von Thymian-Öl

Aus den obigen Ergebnissen

$P<0,05$ also gab es einen signifikanten Unterschied in der Hemmkraft von Thymianöl gegenüber den 7 Stämmen, was darauf zurückzuführen ist, dass Thymianöl eine starke antibakterielle Wirkung gegen alle pathogenen Bakterien hat, mit Hemmbereichen von 10 bis 48 mm.

Tatsächlich waren die empfindlichsten Bakterien gegenüber Thymianöl *S. aureus,* gefolgt von *E. coli, Shigella sonnei, B. cereus und S. typhi.* Während Ps. aeruginosa eine Resistenz gegen Thymian-HE zeigte, da es einen höheren Mg2+-Spiegel in seiner äußeren Membran besitzt. Höheres Niveau von Magnesium in der Membran wird die Vernetzung zwischen den LPS daher erhöhen, die Größe der Porine reduzieren und gut die Migration von antimikrobiellen Molekülen durch die Bakterienmembran begrenzen.

Stämme der Gattung *Pseudomonas* erwiesen sich als resistenter gegen HE. Diese Resistenz ist nicht überraschend. Dies wurde durch mehrere frühere Studien bestätigt (Hammer et al, 1999 Dorman und Deans, 2000).

Staphylococcus aureus, Escherichia coli, S.typhi, Shigella sonnei zeigen eine Abnahme des Hemmhofdurchmessers parallel zur Abnahme der Konzentrationen des ätherischen Öls. Pseudomonas aeruginosa zeigt einen konstanten Hemmhofdurchmesser.

Der Pilzstamm Trichosporon spp ist extrem empfindlich gegenüber Thymianöl mit einem Durchmesser von ca. 48 mm, was beweist, dass Thymianöl auch nach der Verdünnung (1/2, 1/4 und 1/8) eine fungizide Wirkung hat.

Unsere Ergebnisse werden durch die Literatur belegt Studien haben gezeigt, dass Thymol und Carvacrol eine antimikrobielle Wirkung gegen ein breites Spektrum von Bakterien besitzen: *Escherichia coli, Bacillus creus, Listeria monocytogenes, Salmonella enterica, Clostridium jejuni, Lactobacillus sake, Staphylococus aureus und Helicobacter pyroli* (rahmouni, 2014) [28].

(Abbas et al, 2016)[29] zeigten, dass das Öl von *T. vulgaris* eine bemerkenswerte antibakterielle Aktivität bei verschiedenen Bakterienstämmen außer bei *P. aeruginosa* mit einem Durchmesser von 9 mm, der dem von Ciprofloxacin nahe kommt, aufwies. Sie schätzten, dass Thymol und Carvacrol die Hauptbestandteile des Öls sind, die diese antimikrobielle Aktivität aufweisen. Dieselben Autoren wiesen nach, dass diese Phenole die Durchlässigkeit der Zellmembran von Bakterien erhöhen und die protomotorische Kraft verringern und somit den intrazellulären ATP-Spiegel senken, der die Energie für chemische und metabolische Reaktionen in der Zelle liefert.

Es wurde nachgewiesen, dass das ätherische Öl von *Thymus vulgaris* das Wachstum einer Reihe von Pilzstämmen hemmen kann, darunter *Candida albicans, Cryptococcus neoformans, Aspergillus, Saprolegnia und Zygorhynchus*. Dasselbe Öl konnte die antimykotische Wirkung von Amphotericin B gegenüber *C. albicans* potenzieren **(Giordani et al. 2004; Pina-Vaz et al. 2004)**[30][31]

↓ Ätherisches Öl aus Salbei (Salvia officinalis) gegenüber pathogenen Stämmen

1-Faktor-ANOVA

Stämme

	Summe der Quadrate	ddl	Mittelwert der Quadrate	F	Bedeutung
Gruppenübergreifend	54.583	13	4.199	.999	.521
Intra-Gruppen	29.417	7	4.202		
Gesamt	84.000	20			

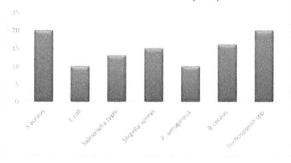

Abbildung 12:Histogramm zum Vergleich der Hemmbereiche von Salbei-Öl

p>0,05, was bedeutet, dass Salbeiöl leicht bis mäßig hemmend auf pathogene Stämme wirkt, da der Durchmesser des Hemmhofs zwischen 10 und 20 mm liegt.

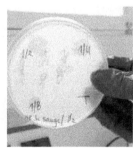

Abbildung 13: Das Aromatogramm von Salbei-Öl

41

Die Ergebnisse des Aromatogramm-Tests zeigen eine Variation in der hemmenden Wirksamkeit des ätherischen Öls von *Salvia Officinalis* gegenüber den getesteten Bakterienstämmen: *Pseudomonas aeruginosa, Escherichia coli und Staphylococcus aureus, E. coli* ...

Das ätherische Öl des Salbeis übt eine schwache Hemmung gegenüber *Escherichia coli* und *P.aeruginosa* mit 10 mm Durchmesser der Hemmzone aus. Im Gegensatz dazu hemmt das ätherische Öl von *S. officinalis* das Wachstum von S.aureus und der Hefe Trichosporon spp mit 20 mm Durchmesser der Hemmzone.

Nach der Klassifizierung von (Ponce et al.2003) [32] deuten die Hemmungsbereiche, **die** zwischen 8 und 20 mm variieren, darauf hin, dass die getesteten Stämme mehr oder weniger empfindlich auf das ätherische Öl der Blätter von *Salvia officinalis reagieren.* HE wirken auf das Wachstum von Bakterien, indem sie deren Vermehrung und die Synthese von Toxinen hemmen.

⚜ *Ätherisches Knoblauchöl (Allium sativum) gegenüber pathogenen Stämmen*

1-Faktor-ANOVA

Stämme

	Summe der Quadrate	ddl	Mittelwert der Quadrate	F	Bedeutung
Gruppenübergreifend	65.250	9	7.250	4.253	.014
Intra-Gruppen	18.750	11	1.705		
Gesamt	84.000	20			

Test auf Homogenität der Varianzen

Stämme

Levene-Statistik	ddl1	ddl2	Bedeutung
4.278	9	11	.018

a. Gruppen mit nur einer Beobachtung werden bei der Berechnung des Tests auf Varianzhomogenität für Stämme ignoriert.

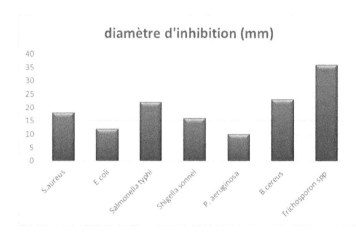

diamètre d'inhibition (mm)

*Abbildung 14:*Histogramm zum Vergleich der Hemmbereiche von Knoblauch-Öl

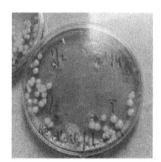  

*Abbildung 15:*Das Aromatogramm von Knoblauch-Öl

P<0,05 also gibt es einen signifikanten Unterschied in der Empfindlichkeit der Stämme gegenüber Knoblauchöl. Die Durchmesser liegen zwischen 10 und 36 mm, da das Knoblauchöl eine extrem hemmende Wirkung auf den Pilzstamm hat, weshalb das Knoblauchöl (D=36) verwendet wird.

➕ Ätherisches Öl aus Myrte (Myrtus communis L) gegenüber pathogenen Stämmen

1-Faktor-ANOVA

Stämme

	Summe der Quadrate	ddl	Mittelwert der Quadrate	F	Bedeutung
Gruppenübergreife nd	51.667	1	4.697	1.307	.349

| Intra-Gruppen | 32.33 | | 3.59 | | |
| Gesamt | 84.00 | 2 | | | |

  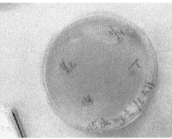

*Abbildung 16:*Das Aromatogramm von Myrten-Öl

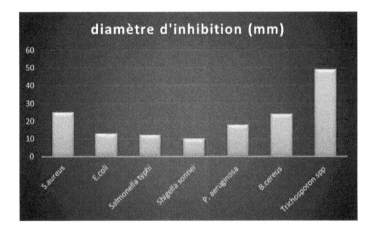

*Abbildung 17:*Histogramm zum Vergleich der Hemmbereiche von Myrten-HE

p>0,05 es gibt keinen signifikanten Unterschied in der hemmenden Wirkung von Myrtenöl auf alle pathogenen Stämme das bedeutet, dass ätherisches Myrtenöl das Wachstum von Gram+ und $^{Gram-}$ hemmt

Die Analyse der Ergebnisse für das ätherische Öl der Gemeinen Myrte zeigt eine sehr starke hemmende Wirkung gegen *Trichosporon spp* mit einer relativ großen Hemmzone zwischen (39-49mm), wobei mit steigender Konzentration des ätherischen Öls d e r Durchmesser der Hemmzone zunimmt.

Diese Ergebnisse stimmen mit denen von Touabia (2011) (35) und den Arbeiten von Chebaibi et al. (2016) (33) über das ätherische Öl der gewöhnlichen Myrte aus Marokko überein, die zeigten, dass das ätherische Öl der gewöhnlichen Myrte eine bedeutende antikandidatische Wirkung hat. Suppakul et al. (2003)(36), haben vorgeschlagen, dass die antimykotische Aktivität von Ölen über zwei verschiedene Mechanismen erfolgen kann

: Einige Bestandteile führen zum Austritt von Elektrolyten und zur Erschöpfung von Aminosäuren und Zuckern, andere können in die Membranlipide eingelagert werden, folglich kommt es zum Verlust der Membranfunktionen. Laut Cox et al. (2000)(34) beruht die antimykotische Wirkung ätherischer Öle auf *Candida albicans* auf einer Erhöhung der Permeabilität der Plasmamembran, gefolgt von einem Riss der Plasmamembran, der zum Austritt von Zytoplasma und damit zum Tod der Hefe führt.

⧾ *Rosmarinöl (Rosmarinus officinalis) gegenüber pathogenen Stämmen*

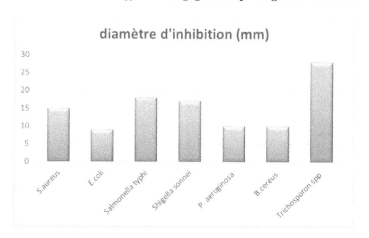

Abbildung 18: Histogramm von Rosmarin-Öl

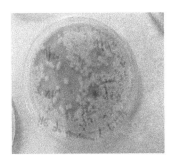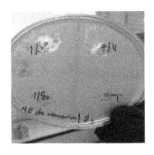

*Abbildung 19:*Das Aromatogramm von Rosmarin-Öl

Das Histogramm zeigt, dass der Durchmesser der Rosmarinöl-Hemmungszonen bei Gram+ und Gram- Bakterien zwischen 10 und 15 mm variiert.

Trotz der Existenz von Hemmzonen, schwache Mittel, belegen unsere Ergebnisse die Existenz antimikrobieller Aktivität gegen alle sieben getesteten Stämme und die hemmenden Effekte nehmen mit der Konzentration des HE deutlich zu.

Nach der Klassifizierung von Ponce et al. (2003) deuten die Hemmhöfe, die zwischen 15 und 19 mm variieren, darauf hin, dass der Stamm *Baccilus sp* sehr empfindlich ist und die anderen getesteten Stämme empfindlich auf ätherisches Rosmarinöl reagieren (Hemmhöfe zwischen 8 und 14 mm).

✦ *Das ätherische Öl des schwarzen Pfeffers (Piper nigrum) gegenüber pathogenen Stämmen*

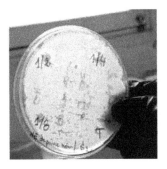

*Abbildung 20:*Das Aromatogramm des Öls aus schwarzem Pfeffer

Nach diesen Ergebnissen zeigten Vani et al. (2009), dass Extrakte aus schwarzem Pfeffer eine gute antibakterielle Wirkung haben, was auf das Vorhandensein von Alkaloiden, flüchtigem Öl, Mono- und Polysacchariden und Harzen hindeutet. Alkaloide wie Piperin, das flüchtige Öl und die Harze könnten für die antibakterielle Aktivität verantwortlich sein.

Studien haben gezeigt, dass der Wirkungsmechanismus von schwarzem Pfeffer auf Bakterien (antibakteriell) durch Veränderung der Durchlässigkeit der Zellmembran aufgrund von Das Austreten von intrazellulärem Material kann zum Zelltod führen

Shiva et al. (2013) erwähnten sie eine antibakterielle Wirkung gegen alle getesteten Bakterien mit einer Hemmzone von 8 mm bis 18 mm Die maximale Hemmzone war gegen grampositive Bakterien S. aureus (18 mm) und B. subtilis (14 mm) als die Bakterien

gramnegativem P. aeruginosa (9 mm) und E .coli (8 mm). Die maximale Hemmzone betrug bei allen Bakterienkulturen 100ul. Dies deutet darauf hin, dass die Hemmzone mit steigender Konzentration des schwarzen Pfeffers zunimmt

Shiva et al.2013 stellten sie fest, dass die maximale Hemmzone gegen *S.aureus-Bakterien* (18mm) größer war als gegen *E.coli-Bakterien* (8mm).Sie fanden heraus, dass der Extrakt aus *Piper Nigrum* eine höhere Aktivität gegen grampositive Bakterien aufwies als gegen gramnegative Bakterien.

Vani et al. (2009) haben die antibakterielle Wirkung von Piper nigrum gegen einige pathogene grampositive (*S.aureus*; *B.cereus*; *S.faecalis*) und gramnegative (*E.coli*; *P.aeruginosa*; *K.pneumoniae*; *S.typhi*) Bakterien untersucht:

Der Aceton-Extrakt aus schwarzem Pfeffer hat eine ausgezeichnete Hemmung des Wachstums von grampositiven Bakterien, wobei **S.aureus** am empfindlichsten war, gefolgt von B.cereus und Streptococcus. Unter den gramnegativen Bakterien war **P. aeruginosa** empfindlicher gegenüber schwarzem Pfeffer, gefolgt von **E. coli, K.pneumoniae** und **Salmonella**.

Das ÖL des schwarzen Pfeffers hat eine sehr starke antimykotische Wirkung gegenüber Hefe. **Trichosporon spp** mit einem Durchmesser von 40 mm.

+ *ätherisches Kümmelöl (Carum carvi L) gegenüber pathogenen Stämmen*

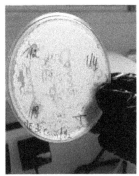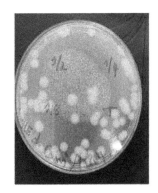

*Abbildung 21:*Das Aromatogramm von Kümmel-Öl

Carum carvi HE zeigte eine gute antimikrobielle und antimykotische Wirkung: Die Ergebnisse zeigen, dass die getesteten Stämme gegenüber dieser Essenz gleich empfindlich sind, was auf das Vorhandensein der Hauptzusammensetzung Limonen und Carvon zurückzuführen ist. Im Allgemeinen wird berichtet, dass die antimikrobielle Wirkung auf das Vorhandensein von 1,8-Cineol und Carvon in H.E. zurückzuführen ist.

Die Abbildung zeigt, dass Kümmelöl eine starke Wirkung gegen *Trichosporon spp. hat, wodurch sich* um den Brunnen mit Kümmelöl eine sehr interessante Hemmzone bildet.

Nach den erhaltenen Ergebnissen kann man sagen, dass der Stamm *Trichosporon spp* sich durch eine sehr hohe Empfindlichkeit gegenüber dem ätherischen Öl von Carum carvi auszeichnet.

+ *ätherisches Öl der Gewürznelke (Syzygium aromaticum) gegenüber pathogenen Stämmen*

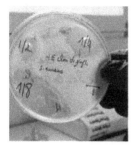

*Abbildung 22:*Das Aromatogramm von Nelken-Öl

diamètre d'inhibition (mm)

*Abbildung 23:*Das Histogramm von Nelken-HE

Ätherisches Nelkenöl in abgestuften Konzentrationen hat eine positive Wirkung, d. h. es ist empfindlich gegenüber den Bakterienstämmen *E. coli und Staphylococcus aureus, während es sich* gegenüber *Pseudomonas aeruginosa als* resistent erwiesen hat.

Beim Vergleich der Ergebnisse der Hemmhofdurchmesser wird deutlich, dass grampositive Bakterien größere Hemmhöfe für das ätherische Öl aufweisen als gramnegative Bakterien.

Staphylococcus aureus entspricht dem größten Hemmhofdurchmesser, während Pseudomonas keine Hemmung markierte, so dass dieser Stamm sehr resistent gegen unser HE ist.

Die Konzentration des ätherischen Öls hat eine Beziehung zu den Hemmzonen. So ist der Hemmbereich umso größer, je höher die Konzentration ist.

Die Ergebnisse des DMSO-Tropfens zeigten keine antibakterielle Wirkung auf die Bakterienstämme, da es keine Hemmzonen gab.

Zahlreiche Studien haben gezeigt, dass die ätherischen Öle der Gewürznelke stark antibakteriell wirken. Diese Wirkung könnte auf die Hauptverbindung Eugenol zurückzuführen sein. Die Arbeit von Valero und Giner aus dem Jahr 2006 belegt, dass Eugenol neben anderen Verbindungen das Wachstum von Bakterien hemmt. Außerdem zeigte die Studie von Rhayour (2016), dass Nelkenöl seine bakterizide Wirkung vor allem aufgrund seines Hauptbestandteils Eugenol, der zur Familie der Phenole gehort, entfaltet. Es scheint also, dass die bakterizide Wirkung der Öle mit der Bindung dieser Moleküle an die bakteriellen Membranen beginnt, was zu Veränderungen der Struktur und der Permeabilität führt, die wiederum den Verlust von Zellbestandteilen aufgrund einer erheblichen Lyse der Bakterienzellen zur Folge haben.

In Bezug auf Pilze hat das ätherische Öl der Gewürznelke auch eine gute antimykotische Wirkung.

Es konnte gezeigt werden, dass das ätherische Öl der Gewürznelke eine starke antimykotische Wirkung gegen opportunistische Pilzpathogene besitzt, was mit den Arbeiten von Eugenia und Mitarbeitern (2009) über *Candida albicans* und andere Pilzpathogene übereinstimmt. Andere Arbeiten haben gezeigt, dass das EH der Gewürznelke, also Eugenol, eine hohe fungizide Aktivität gegen *Candida albicans aufweist*. Daher ist dieses Öl als Konservierungsmittel und Antiseptikum von großer Bedeutung, um das mikrobielle Wachstum zu hemmen, insbesondere wenn es um den Schutz der Gesundheit vor Krankheitserregern geht.

1.3. Quantitative Bewertung der antibakteriellen Aktivität von HE: MIC

Die MIC wird durch die Vertiefung mit der niedrigsten HE-Konzentration angegeben, in der zu 99% kein Bakterienwachstum stattfindet.

In unserer Studie wurden die Stämme ausgewählt, die am empfindlichsten auf ätherische Öle reagierten, und die MIC wurde bestimmt.

*Tabelle 5:*die minimalen Hemmkonzentrationen (MHK) der ätherischen Öle (%v/v) gegenüber ausgewählten Stämmen

Ätherische Öle	S.aureus	E.coli	Salmonella thyphi	Trichosporon spp
Thymus vulgaris	0.125	0.125	0.25	0.03
Salvia officinalis	0.06	0.25	0.25	0.06
Allium sativum	0.06	0.125	0.125	0.06
Syzgium aromaticum	0.125	1	0.5	0.06

Der Stamm *Trichosporon spp* ist der empfindlichste Stamm.
0.03 (%v/v) gegenüber ätherischem Thymianöl

Der *E. coli-Stamm* zeigte jedoch eine mäßige Empfindlichkeit gegenüber den getesteten ätherischen Ölen, was auch für *Salmonella thyphi* galt.

Diskussion

Orangensaft ist reich an Wasser und Zuckern, die von Mikroorganismen leicht verstoffwechselt werden können, und ist daher ein ideales Nährmedium (Forrest, 2001). Eine einfache oder mehrfache Kontamination von Saft kann aus vielen Quellen stammen: Boden, Wasser, Düngemittel (vor allem Kompost), Arbeiter, landwirtschaftliche Geräte und Lagerungs- und Verarbeitungsbedingungen.

Die Flora im Saft ist nichts anderes als das Ergebnis einer Vielzahl von Mikroorganismen, die aus der Frucht selbst, der Lageratmosphäre, manchmal aus der Verarbeitungs- und Verpackungskette, dem Wasser, der Luft oder sogar dem Personal stammen.

Trotz aller Bemühungen, die Belastung der Luft in d e r Industrie durch Mikroorganismen zu reduzieren oder die Flora in den Früchten zu verringern, finden die wenigen Bakterien- oder Pilzzellen, die sich der Kontrolle entziehen können, im Saft ein für ihr Wachstum und ihre Vermehrung äußerst günstiges Milieu.

Laut Cox et al. (2000) beruht die antimykotische Wirkung von ätherischen Ölen auf Candida albicans auf einer Erhöhung der Permeabilität der Plasmamembran, gefolgt von einem Riss der Plasmamembran, der zum Austritt von Zytoplasma und damit zum Tod der Hefe führt.

Die Zusammensetzung und die antibakterielle Aktivität der HE waren sehr unterschiedlich. Eine ähnliche Tendenz wurde von den Autoren beobachtet, die zeigten, dass es erhebliche Unterschiede zwischen den antibakteriellen Wirkungen der ätherischen Öle gab. Ein Vergleich der Wirksamkeit von Ölen zwischen den Studien ist jedoch aufgrund der Unterschiede unkontrollierbarer und externer Parameter schwierig. Es ist bekannt, dass die Zusammensetzung von Pflanzenölen je nach Klima- und Umweltbedingungen variiert. Außerdem können die antimikrobiellen Eigenschaften innerhalb einer Pflanze variieren

Darüber hinaus können einige Öle mit demselben gebräuchlichen Namen aus verschiedenen Pflanzenarten stammen. Auch die Methoden zur Bewertung der antimikrobiellen Aktivität und die Auswahl der getesteten Mikroorganismen sind je nach Veröffentlichung unterschiedlich. Auch die Agar- und Brühe-Verdünnungsmethoden werden häufig verwendet.

Dazu gehören Unterschiede im mikrobiellen Wachstum, die Zeit, in der die Mikroorganismen dem Pflanzenöl ausgesetzt sind, die Löslichkeit des Öls und das Verfahren zur Solubilisierung oder Emulgierung. Diese und andere Elemente können die großen Unterschiede bei den MICs erklären, die in dieser Studie mit der Agarverdünnungsmethode erzielt wurden.

Zu den Perspektiven dieser Studie gehören die Extraktion der ätherischen Öle sowie die Untersuchung der antibakteriellen und antimykotischen Wirkung dieser Öle auf verschiedene Mikrobenstämme im Hinblick auf eine mögliche Desinfektion der kontaminierten Luft. Die Nutzung dieser Öle in der Lebensmittelindustrie, indem die chemischen Konservierungszusätze durch diese natürlichen Zusätze ersetzt werden. Außerdem sollen weitere biologische Eigenschaften dieser Pflanzen untersucht werden, nämlich entzündungshemmende, antivirale, anti-lithiasische und andere Eigenschaften.

Schlussfolgerung

Die vorliegende Arbeit fällt in den Rahmen der Suche nach neuen Naturprodukten mit antibakterieller und antimykotischer Wirkung gegen pathogene Stämme, die Zitrusfrüchte nach der Ernte schädigen, sowie des Vergleichs der Wirksamkeit dieser Produkte mit der von chemischen Fungiziden, die in diesem Bereich eingesetzt werden.

Zitrusfrüchte sind reich an Wasser und Zuckern, die von Mikroorganismen leicht metabolisiert werden können. Im ersten Teil dieser Arbeit haben wir die Stämme, die für den Verderb von Zitrusfrüchten verantwortlich sind, isoliert und identifiziert; die Ergebnisse ihrer Identifizierung haben uns erlaubt, die folgenden Arten zu erkennen: *P. aeruginosa*, *E. coli*, *Salmonella thyphi*, *S.aureus* und der Pilzstamm *Trichosporon spp.*

So untersuchten wir die antimykotische Wirkung der ätherischen Öle von Thymian, Salbei, Myrte, Gewürznelke, Kümmel, Knoblauch und schwarzem Pfeffer auf isolierte Mikroorganismen. Die Ergebnisse zeigen, dass alle acht Öle zufriedenstellende Ergebnisse in Bezug auf das diametrale Wachstum dieser Stämme liefern, mit leichten Unterschieden in der Wirksamkeit mit ihren flüchtigen Fraktionen, wobei das Thymianöl am wirksamsten ist, da es Hemmhöfe mit einem Durchmesser von D>>1,5 mm aufweist, die den Pilzwachstum hemmen.40mm gegenüber dem Pilzstamm, was auf seinen hohen Phenolgehalt zurückzuführen ist, 30-40% Thymol und 5-15% Carvacrol, die für ihre bakterizide, fungizide und wurmabtötende Wirkung verantwortlich sind, Ätherische Öle sind aufgrund ihrer Wirksamkeit und ihres Nutzens für die menschliche Gesundheit eine gute Alternative zu chemischen Pestiziden. Selbst nach einer Nachbeobachtung von 10 Tagen zeigten diese Öle dieselbe Wirksamkeit gegenüber pathogenen Mikroorganismen.

Bibliografische Referenzen

(1)Benaissat F. ; 2015; Charakterisierung der Anfälligkeit von Zitrussorten für Fäulnis nach der Ernte.

(2)Jacquemond C, Curk F, Zurru R, Ezzoubir D, Kabbage T, Luro F , und Ollitraut P , 2002- 'Unterlagen als Schlüsselkomponenten für einen nachhaltigen Zitrusanbau' , Session 3 .

Qualität in der Rute.

(3) DOUYLE M.P. &PADHYE V.V., 1989. Esherichia coli Food borne Bacterial pathogens.(eds.).Mareel Dekker Inc.

DOUYLE M.P. & CLIVER D.O., 1990. Esherichia coli, D.O. Cliver (ed.) Academic.Press, San Diago, California.

(4)FARBER, J.M., 1989. Food borne pathogenic microorganisms: Characteristics of the organisms and their associated diseases I. Bacteria. Journal of the Canadian Institute of Food Science and Technology 22 (4): 311-321.

(5)M. Oussalah, S. Caillet, L. Saucier and M. Lacroix (2007). "Hemmende Wirkung ausgewählter ätherischer Pflanzen auf das Wachstum von vier pathogenen Bakterien: E. coli O157:H7, Salmonella Typhimurium, Staphylocoqueaureus und Lisaurait monocytogenes ," Food Control , Vol. 18, Seiten 414 - 420

(6)Sabrine El Adab , Lobna Mejri , Imen Zaghbib , Mnasser Hassouna (2016) << Evaluation of Antibacterial Activity of Various Commercial Essential Oils >> American Journal of Scientific Research for Engineering, Technology and Science (ASRJETS) Volume 26 , No 3 , pp 212 -224

(7)   Imbert E., 2005. Die Zitrusfrüchte des Mittelmeers. Fruitrop. Le point sur les agrumes méditerranéens.122:6P

(8)Loussert R., 1987-Die Zitrusfrüchte. Agricultural Techniques Mediterranean. Paris: Tech. et Doc. Lavoisier.130P

(9)Aissa Dilmi Fadhila, Chaouchi Amira(2021). Etude Microbiologique et la conservation de la qualité agro-alimentaire de quelques variétés d'agrumes cultivés en Algérie (Orange).

(10)   Redouane BASSAID OULHADJ (2020). Extraction o f essential oil of Lepidium sativum by multiple extraction methods [Study of the effect of pretreatment on the yield and physico-chemical characteristics of the oil].

(11)   HESSAS Thafsouth & SIMOUD Sounia (2018). Beitrag z u r Untersuchung der

chemischen Zusammensetzung und zur Bewertung der antimikrobiellen Aktivität des ätherischen Öls von Thymus sp.(2018)

(12) Salah Benkherara, Ouahiba Bordjiba & Ali Boutlelis Djahra(2011). Untersuchung der antibakteriellen Aktivität der ätherischen Öle des Echten Salbeis: Salvia officinalis L. auf einige pathogene Enterobacteriaceae.

(13) Secke C (2007). Contribution à l'étude de la qualité bactériologique des aliments vendus sur la voie publique de Dakar (Beitrag zur Untersuchung der bakteriologischen Qualität von Lebensmitteln, die auf der Straße in Dakar verkauft werden). Doctorat d'état en médecine vétérinaire. Universität Cheikh AntaDiop.

(14) FEDALA   Nazih .., MOKHTARI Moussa   MEKIMENE Lakhdar(2022).
Beitrag zur Verwertung von Datteln (Deglet-Nour) bei der Herstellung von Ziegenkäse. revue agrobiologia., 10,1918-1928.

(15) HAOUCHINE Lamia, KHENNACHE Ouardia.2017 Untersuchung der antibakteriellen Aktivität von Extrakten aus vier Heilpflanzen aus der Kabylei: Arbutus unedo L.,Phlomis bovei de Noé.,Rosa sempervirens L.und Verbascum sinuatum L..

(16) Khaled Attrassi, Bacteriological Quality of Citrus Fruits (Morocco)International Journal of Environment, Agriculture and Biotechnology, 5(2) Mar-Apr, 2020

(17) Alexandra MARTINS 2020. Antibakterielle ätherische Öle am Beispiel von Thymian (Thymus)

(18) Peng. J , Tang J, Diane M., Shyam S., Anderson N., und Joseph R. (2015). Powers. Thermal pasteurization of ready-to-eat foods and vegetables: Critical factors for process design and effects on quality. Food Science and Nutrition, 57, 2970-2995.

(19) Deak T und Beuchat L, 1993 - Yeastsassociatedwith fruit juiceconcentrates.

Journal of Food Protection, 56(9), 777-782

(20) Nadjib Mohamed, FERHAT Amine, KAMELI Abdelkrim (2019). METHODEN
ZUR EXTRAKTION UND DESTILLATION VON ÄTHERISCHEN ÖLEN. Zeitschrift
Agrobiologia, 9,1653-1659.

(21) AFNOR (Association Française de Normalisation). (1970). Bestimmung des pH-
Wertes

(22) Lis-Balchin M., 2002, Lavender: the genus Lavandula, Taylor and Francis,
London, S. 37, 40.

(23) Abed Soumia, Messaadia Bouchra. Untersuchung der physikalisch-chemischen
und biologischen Eigenschaften von Thymus vulgaris L. 19/09/2021.

(24) Fabian, D., Sabol, M., Domaracké, K., Bujnékovâ, D. (2006). Essential oils their
antimicrobial activity against Escherichia coli and effect on intestinal cell viability.
Toxicol. Invitro 20, 1435-1445.

(25) Paupardin C, Leddet C und Gautheret R. (1990). Genetics, selection and
multiplication. Iamelioration of Artemisia species (Artemisia ubelliformis and E. genipi)
by meristem culture. J. Jap. Bot. 65, 33.

(26) Djeddi S, Bouchenah N, Settar I- Composition and antimicrobial activity of
essential oil of Rosmarinus officinalis from ALGERIA- Chemistry of Natural
Compounds; vol.43 :N)4.2007

(27) BOUALEM S, BOUMRAR Silia. Formulierung eines Desinfektionsgels auf Basis
des ätherischen Öls von Rosmarin (Rosmarinus officinalis L) und Bewertung seiner
antimikrobiellen Aktivität.[Diplomarbeit] Université Mouloud Mammeri Tizi
Ouzou.2016

(28) Rahmouni, M.(2014). Beitrag z u r Untersuchung d e r biologischen Aktivität und
der chemischen Zusammensetzung der ätherischen Öle von zwei Apiaceae (Ferula
vesceritensis Coss et DR und Balanseagla berrima Desf.) Lange. Masterarbeit,
Universität Ferhat Abbas - Sétif 1.Algerien.

(29) Abbas, N und Guerriche, F. (2016). Phytochemische Untersuchung von Thymian

Thymus vulgaris

L. (Lamiaceae) und insektizide Bewertung seines rohen ethanolischen Extrakts gegenüber zwei Insekten, dem Schädling Aphis fabea und dem Nützling Apis mellifera. Masterarbeit, Universität M' hamed Bougara Boumerdès, Algerien.

(30) Giordani R., Regli P., Kaloustian J., Mikaïl C., Abou L., Portugal H (2004). Antifungal effect of various essential oils against Candida albicans. Potentiation of antifungal action of amphotericin B by essential oil from Thymus vulgaris. Phytother Res, 18(12), 990-995

(31) Pina-Vaz C., Gonçalves Rodrigues A., Pinto E., Costa-de-Oliveira S., Tavares C., Salgueiro L et al. (2004).Antifungal activity of Thymus oils and their major compounds. J Eur Acad Dermatol Venereol, 18(1), 73-78.

(32) Ponce A.G., Fritz R., del Valle C. und Roura S.I., 2003, Antimicrobial activity of essential oils on the native microflora of organic Swiss chard, Lebensm.-Wiss.u.-Technol.36, S.679- 684.

(33) Chabaibi A., Marouf Z., Lahazi F ., Filali M., Fahim A., Ed-Dra .2016 Evaluation of the antimicrobial power of essential oils of seven medical plants harvested in Marocco.

(34) Cox S.D., Mann C.M., Markham J.L., Bell H.C., Gustafson J.E., Warmington T.R., Wyllie S.G., 2000.The mode of antimicrobial action of the essential oil of Melaleuca alternafolia (tea tree oil).Journal of Applied.Microbiology, Vol. 88, pp 170-175.

(35) Touaibia M., 2011. Beitrag zur Untersuchung von zwei Heilpflanzen: Myrtus communis und Myrtus nivellei Batt und Trab, erhalten in situ und in vitro. Magisterarbeit in Biologie. Universität Blida .Algerien.175 p.

(36) Suppakul P., Miltz J., Sonneveld K. und Bigger S. W., 2003. Antimicrobial properties of Basil and its possible application in food packaging. J.Agric. Food Chem, Vol.51, pp: 3197- 3207.

ANHÄNGE

Anhang 1

Koagulase-Test Neueinteilung der Stämme

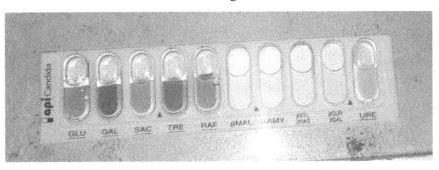

TABLEAU DE LECTURE

TESTS	COMPOSANTS ACTIFS	QTE (mg/cup.)	REACTIONS	RESULTATS	
				NEGATIF	POSITIF
1) GLU	D-glucose	1.4	acidification (GLUcose)		
2) GAL	D-galactose	1.4	acidification (GALactose)		
3) SAC	D-saccharose	1.4	acidification (SACcharose)	violet gris-violet	jaune vert / gris
4) TRE	D-trehalose	1.4	acidification (TREhalose)		
5) RAF	D-raffinose	1.4	acidification (RAFfinose)		
6) βMAL	4-nitrophényl-ßD-maltopyranoside	0.08	ß-MALtosidase	incolore	jaune pâle-jaune vif
7) αAMY	2-chloro-4-nitrophényl-αD maltotrioside	0.168	α-AMYlase	incolore	jaune pâle-jaune vif
8) βXYL	4-nitrophényl-ßD-xylopyranoside	0.095	ß-XYLosidase	incolore-jaune très pâle / bleu / vert **	jaune pâle-jaune vif
9) βGUR	4-nitrophényl-ßD-glucuronide	0.063	ß-GlUcuRonidase	incolore / bleu / vert	jaune pâle-jaune vif
10) URE	urée	1.68	UREase	jaune-orange pâle	rouge
11) βNAG (dans tube n° 8) *	5-bromo-4-chloro-3-indoxyl-N-acétyl-ßD-glucosaminide	0.09	N-Acétyl-ß-Glucosaminidase	incolore / jaune	bleu / vert **
12) βGAL (dans tube n° 9) *	5-bromo-4-chloro-3-indoxyl-ßD-galactopyranoside	0.0615	ß-GALactosidase	incolore / jaune	bleu / vert

* Les tubes 8 et 9 sont bifonctionnels   tube 8 : βXYL (test n° 8) / βNAG (test n° 11)
                                       tube 9 : βGUR (test n° 9) / βGAL (test n° 12)

** Toute trace verte dans la cupule 8 = βXYL (–) βNAG (+)

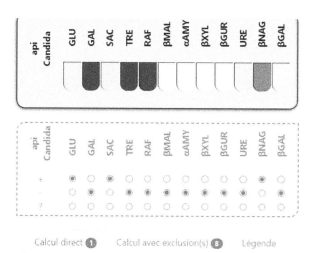

Calcul direct ①   Calcul avec exclusion(s) ⑧   Légende

Les calculs proposent (cliquez sur 🔍 pour voir les détails du profil) :

1. **Trichosporon spp 2** 🔍 avec une probabilité de 99.9 % (excellente identification)

99.9%

Les taxons ayant une probabilité trop faible (< 5%) sont éliminés

Trichosporon spp

63

Milton Keynes UK
Ingram Content Group UK Ltd.
UKHW011144010424
440421UK00001B/263